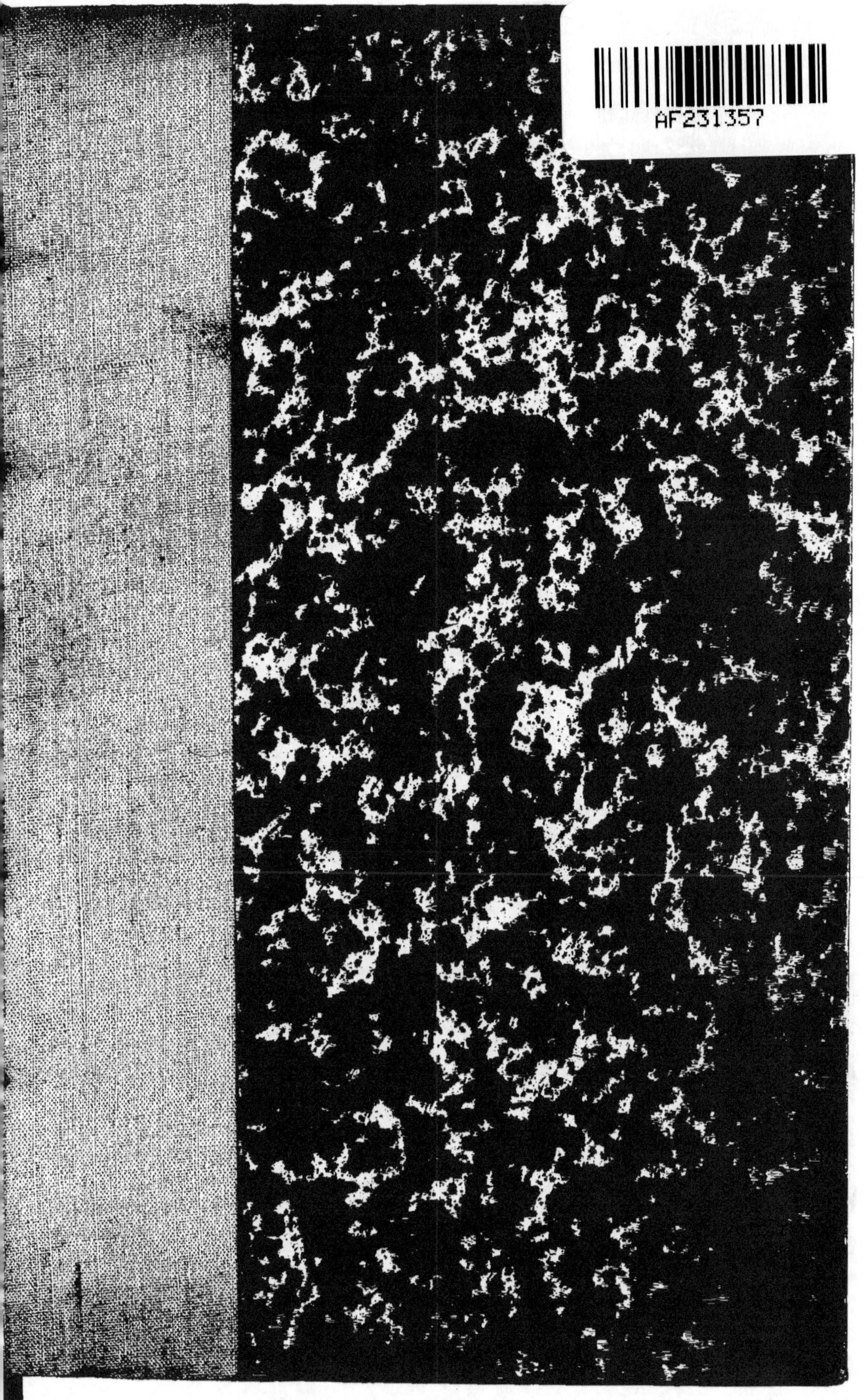

BEAUTÉS

DE

L'UNIVERS

PAR

DESSEINE

AVEC GRAVURES DANS LE TEXTE

ROUEN

MÉGARD ET Cie, LIBRAIRES-ÉDITEURS

BIBLIOTHÈQUE MORALE

DE

LA JEUNESSE

3ᵉ SÉRIE GRAND IN-8º RAISIN

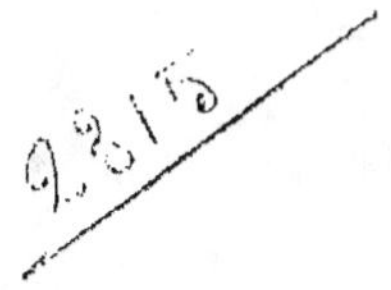

La nature nous offre des merveilles qui nous confondent.

LES BEAUTÉS

DE

L'UNIVERS

Par DESSEINE

AVEC GRAVURES DANS LE TEXTE.

ROUEN

MÉGARD ET Cⁱᵉ, LIBRAIRES-ÉDITEURS.

1888

INTRODUCTION.

Dès que les hommes veulent approfondir les choses et pénétrer les causes des effets dont ils sont témoins, ils se voient forcés de reconnaître combien leur entendement est faible et borné. La connaissance que nous avons de la nature ne s'étend guère qu'à quelques-uns des effets que nous avons le plus souvent sous les yeux. Mais quelles sont les causes de ces effets ? Comment s'opèrent-ils ? C'est presque toujours pour nous un mystère impénétrable. Il y a même, dans la nature, mille effets qui restent cachés à nos yeux ; et dans ceux que nous sommes en état d'expliquer, il se mêle pour l'ordinaire une certaine obscurité qui nous fait souvenir que nous sommes des hommes.

Nous entendons le vent souffler, nous éprouvons ses différents effets ; mais nous ne savons pas au juste ce qui le produit, ce qui augmente sa violence et ce qui l'apaise. D'une graine nous voyons sortir de l'herbe, des tuyaux, des épis ; mais nous ignorons comment cela s'opère. Nous comprenons encore moins comment, d'un noyau très petit, naît une plante, puis un grand arbre, à l'ombre duquel les oiseaux font leurs nids, et qui se couvre pour nous de feuilles et de fleurs. Tous les aliments dont nous faisons usage se transforment au dedans de nous par un mécanisme incompréhensible et s'assimilent à notre sang, à notre chair.

Nous sentons le froid; avons-nous découvert exactement de quelle manière il s'engendre? Nous sommes plus instruits que nos ancêtres sur les phénomènes du tonnerre; mais quelle est la nature de cette matière électrique qui se manifeste d'une manière si terrible dans les orages? Nous savons que l'œil discerne l'image des objets qui ébranlent notre rétine et que l'oreille a la perception des vibrations de l'air; mais qu'est-ce qu'avoir des perceptions? et comment cela se fait-il? Nous avons la conscience de l'existence d'une âme dans notre corps ; mais qui peut expliquer l'union du corps et de l'âme et leur influence réciproque ? Le feu et l'air sont continuellement sous nos yeux ; mais quelle est proprement leur nature ? et comment s'opèrent leurs effets divers ? En un mot, sur la plupart des objets, nous n'avons point de principes sûrs et incontestables : nous en sommes réduits à des conjectures, à des probabilités.

La nature nous offre, à chaque pas, des merveilles qui nous confondent ; et quelques recherches, quelques découvertes que nous ayons faites, il reste toujours mille choses que nous ne saurions comprendre. Quelquefois, il est vrai, on parvient à donner des explications heureuses de certains phénomènes ; mais les premiers principes sont certainement élevés au-dessus de la sphère de notre intelligence.

Pourquoi le Créateur ne nous a-t-il pas donné la faculté de connaître d'une manière plus approfondie les phénomènes du monde corporel? Ne paraît-il pas que les bornes de nos lumières, à cet égard, soient directement contraires au but qu'il s'est proposé? Il veut que nous connaissions ses perfections et que nous rendions gloire à son nom : une connaissance moins superficielle des œuvres de la création ne serait-elle pas un moyen de rendre un plus digne hommage à ses attributs? Si j'étais en état de connaître tout l'ensemble de la création, de bien saisir le degré d'excellence de chacun des êtres qui la composent, de découvrir toutes les lois et tous les rapports de la nature, j'admirerais encore plus, ce semble, la grandeur de Dieu.

Mais il se peut que je me trompe, en raisonnant ainsi. Et dois-je être surpris que, dans mon état actuel, je ne puisse pas découvrir les premiers principes de la nature? Les organes de mes sens ne m'ont point été donnés pour pénétrer dans l'essence des choses; et je ne peux me former une idée juste des objets que mes sens ne sont pas en état de discerner. Or, de ces choses qui ne sauraient être saisies par mes faibles organes, il en est une infinité dans l'univers. Si je veux me représenter les infiniment grands et les infiniment petits dans la nature, mon imagination s'y perd. Lorsque je réfléchis sur la vitesse de la lumière, mes sens ne sont pas capables de suivre une pareille vélocité; et quand je veux me faire une idée des veines et de la circulation du sang de ces animaux dont on dit que le corps doit être un million de fois plus petit qu'un grain de sable, je conçois toute ma faiblesse. Or, comme la nature s'élève depuis les infiniment petits jusqu'aux infiniment grands, est-il étonnant que je ne puisse en approfondir les vrais principes ?

Mais, supposé que Dieu m'eût doué de la force et de la sagacité nécessaires pour embrasser la liaison et l'ensemble du monde entier, que je pusse pénétrer dans l'intérieur de la nature et en découvrir distinctement les premières lois, qu'en résulterait-il ? Il est vrai que j'aurais occasion d'admirer dans toute son étendue la sagesse de Dieu ; mais ne serait-il pas à craindre que je ne ressemblasse alors à la plupart des hommes qui, dans leur inconstance, n'admirent les choses qu'aussi longtemps qu'elles leur paraissent au-dessus de leurs conceptions ordinaires ?

Je n'ai donc aucun sujet de me plaindre de ce que les connaissances que j'ai de la nature sont si imparfaites ; je dois, au contraire, en bénir le Créateur. Si l'essence des choses m'était plus connue, je pourrais, ou n'être plus suffisamment libre, ou n'être pas aussi touché, aussi reconnaissant que je le suis. Mais à présent que je n'ai, pour ainsi dire, appris que les premiers éléments du grand livre de la nature, je conçois tout à la fois et la grandeur de Dieu et mon propre néant. Chaque observation, chaque découverte me remplit donc d'une nouvelle admiration pour la puissance et la sagesse suprême ; et je sens s'allumer de plus en plus dans mon cœur le désir d'arriver à un autre séjour, où j'aurai, sans danger, une idée plus parfaite du suprême artiste et de ses œuvres.

C'est, sans doute, un devoir de chercher Dieu tel qu'il s'est révélé dans sa divine parole; mais vous n'embrasserez pas cette révélation dans toute son étendue, si vous n'y joignez cette autre révélation par laquelle il s'est manifesté dans la nature comme le créateur de tout ce qui existe, le bienfaiteur, le père commun de tous les hommes. Ces deux études sont liées étroitement et forment ensemble la seule étude nécessaire.

Quelle occupation plus digne de l'homme, après l'étude de ce qu'il a plu à la Divinité de nous révéler, que celle d'étudier constamment le livre de la nature, pour y apprendre les vérités que nous rappellent l'immense grandeur de Dieu et notre peti-tesse ! Quelle honte, au contraire, pour un être intelligent que de demeurer inattentif aux merveilles qui l'environnent et d'en être aussi peu touché que le sont les animaux ! Si la raison nous a été donnée, c'est afin que nous nous en servions pour reconnaître les perfections de Dieu dans ses ouvrages et notre destinée sur la terre.

BEAUTÉS DE L'UNIVERS.

I.

Ordonnance du globe terrestre.

Quelque borné que soit l'esprit humain, quelque incapable qu'il soit d'approfondir et de concevoir en entier le plan dont l'exécution a produit l'univers, nous pouvons néanmoins, par le moyen des sens, et en faisant usage des facultés naturelles dont nous sommes doués, en découvrir assez pour reconnaître et admirer combien est sublime cet ensemble parfait de notre planète. Il suffirait, pour nous en convaincre, de réfléchir sur la figure de notre globe. On sait qu'il est presque semblable à celle d'une boule. Et dans quelle vue cette forme a–t–elle été choisie? Afin qu'il pût, dans tous les points de sa surface, être habité par des créatures vivantes. Ce but n'aurait point été atteint, si les habitants de la terre n'avaient pu trouver partout un degré suffisant de chaleur et de lumière, si l'eau n'avait pu facilement se répandre en tous lieux, et si, dans quelque contrée, l'action des vents avait rencontré des obstacles. La terre ne pouvait avoir de figure plus propre à prévenir tous ces inconvénients que celle qui lui a été donnée. Au moyen de cette forme, la lumière et la chaleur, ces deux choses si nécessaires à la vie, se distribuent sur tout le globe. Sans elle, la révolution du jour et de la nuit, les changements dans la température de l'air, le froid, le chaud, la sécheresse et l'humidité n'auraient pu avoir lieu. Que la terre eût été carrée, conique, hexagone, ou de toute autre forme angulaire, une partie de sa surface, et même la plus considérable, aurait été submergée, tandis que l'autre eût langui dans la sécheresse. On doit encore admettre que plusieurs de nos contrées seraient privées à jamais de l'agitation salutaire que procurent les vents, pendant que les autres seraient en proie à des ouragans continuels.

Si je considère ensuite l'énormité de la masse qui compose le globe terrestre, quelle nouvelle raison n'ai-je pas d'admirer la sagesse suprême ! Cette terre immensément grande par rapport à nous, infiniment petite en comparaison de l'univers ; cette terre qui nous paraît fixée sur elle-même, au milieu de l'espace, à une distance sensiblement égale des différents corps célestes, lesquels font ou paraissent faire chaque jour leur révolution autour d'elle ; cette terre est un corps qui, avec une circonférence de neuf mille lieues, et un diamètre de trois mille, présente une surface d'environ 25,694,240 lieues carrées, dont les deux tiers sont couverts d'eau. Plus molle ou plus spongieuse qu'elle ne l'est en effet, les hommes et les animaux s'y enfonceraient ; plus dure, plus compacte et moins pénétrable, elle se refuserait aux travaux du laboureur ; elle serait incapable de produire et de nourrir cette multitude d'herbes, de plantes, de racines et de fleurs qui sortent actuellement de son sein.

D'où nous viendrait en très grande partie l'eau douce si nécessaire aux besoins de la vie, si elle n'était purifiée et, pour ainsi dire, filtrée, au moyen des couches de sable qu'on découvre dans la terre, à une grande profondeur ? Sa superficie offre un spectacle varié, un mélange admirable de plaines et de vallées, de collines et de montagnes. Qui ne voit clairement les fins pleines de sagesse de toutes ces dispositions ? Sans parler spécialement ici de l'utilité des montagnes, dont nous traiterons incessamment, la terre ne perdrait-elle pas infiniment de sa beauté, si elle n'était qu'une plaine uniforme? Combien cette variété de vallons et de hauteurs est-elle plus favorable à la santé des êtres vivants, plus commode pour la demeure de tant de créatures différentes, plus propre à produire ces espèces si variées de végétaux! Sans montagnes, la terre serait moins peuplée d'hommes et d'animaux; nous aurions moins de plantes, moins d'arbres; les vapeurs condensées dans l'air ne pourraient être rassemblées, et nous n'aurions ni fleuves, ni fontaines.

Qu'elle est belle cette demeure! Comme elle est appropriée aux besoins des créatures dont elle est le séjour! Et toutefois, je ne l'habite que pour peu de temps; et je ne puis en découvrir que la moindre partie.

La terre est disposée de manière à produire et à nourrir des herbes, des arbustes et des arbres. Assez compacte pour que les végétaux y soient suffisamment affermis, et que les vents ne les renversent pas, elle est en même temps assez légère et assez meuble pour que les plantes puissent y étendre leurs racines, en pomper l'humidité, et s'abreuver des sucs nourriciers qu'elle contient. Lors même que la terre est aride et sèche, cette légèreté permet aux sucs de s'élever, comme dans des tuyaux capillaires, pour fournir aux arbres la nourriture dont ils ont besoin.

Les différentes espèces de terre, outre qu'elles servent à la variété des productions auxquelles nous devons notre subsistance, peuvent être employées à différents usages. Il y a des glaises, des argiles, des terres calcaires, des terres gypseuses, qui nous procurent la brique, la chaux, le plâtre ; d'autres servent à construire l'humble cabane du pauvre et les somptueux palais des rois; il en est qui s'emploient dans les ouvrages de poterie; il en est aussi dont on se sert dans la teinture et dans la médecine.

Quant aux métaux, leurs usages sont innombrables. Qu'on pense seulement aux ustensiles, aux meubles de toute espèce qui nous fournissent tant de commodités et d'agréments; qu'on parcoure, s'il est possible, par la pensée, cette multitude d'instruments dont se servent nos ouvriers et nos artistes, et l'on verra quels trésors l'homme foule sans cesse sous ses pieds, trop souvent sans y songer. Les sels relèvent la saveur de nos aliments, et les préservent de la corruption. Ces volcans même et ces tremblements qui nous effraient, outre les avantages dont nous avons parlé, nous sont utiles et même nécessaires en mille autres occasions. Si le feu ne consumait pas certaines exhalaisons, elles se répandraient dans l'air en trop grande quantité, et le ren-

draient malsain, plusieurs bains chauds n'existeraient
point; divers métaux, peut-être divers minéraux ne
seraient pas produits.

S'il se trouve tant de choses dont nous ne décou-
vrons pas l'utilité, c'est à notre seule ignorance que
nous devons nous en prendre. A la vue des phénomènes
de la nature qui sont quelquefois nuisibles, rappelons-
nous qu'ils contribuent à la plus grande perfection du
tout. Pour juger des œuvres de la nature, et pour en
connaître la sagesse, il ne suffit pas de les envisager
sous une seule face; il faut en considérer toutes les
parties, tout l'ensemble. Bien des choses que nous
croyons nuisibles, n'en sont pas moins d'une utilité
incontestable, et quelques-unes nous paraissent super-
flues, qui, si elles venaient à manquer, laisseraient un
vide immense. Combien d'autres ne sont méprisables
à nos yeux que parce que nous n'en connaissons pas
le véritable usage !

Mettez un aimant entre les mains d'un homme qui
en ignore les propriétés, à peine daignera-t-il l'hono-
rer d'un regard. Mais dites-lui qu'on doit à cette pierre
les progrès de la navigation, la découverte d'un nouveau monde, il réformera bientôt son premier jugement.
Il en est de même d'une multitude de phénomènes
que nous offrira l'examen de la nature : le vulgaire les
méprise ou les juge mal, parce qu'il n'en sait pas la

destination, et qu'il n'aperçoit point leurs rapports avec la totalité des êtres. Gardons-nous d'augmenter le nombre de ces insensés qui calomnient la nature au moment même où ils jouissent de ses bienfaits : il ne lui faudrait peut-être que se conformer à leurs vues si étroites et si peu réfléchies, pour les faire rentrer dans le plus horrible chaos.

Il est visible que la terre, prise à une certaine profondeur, n'est qu'un amas de corps irrégulièrement entassés les uns sur les autres ; plusieurs paraissent avoir appartenu à la mer, et avoir autrefois servi d'habitation à des animaux. On ne peut se dissimuler que cette espèce de chaos ne soit la suite de quelque révolution, qui, ayant dérangé la structure de l'ancien monde, annonce en même temps que la terre, ou au moins sa surface, a prodigieusement souffert. Voilà le point où nos lumières atteignent : ici, s'éteint le flambeau de l'expérience ; mais celui de l'histoire le remplace, et nous montre la cause de cette révolution dans le mémorable événement du déluge universel.

De toutes parts, notre globe est hérissé de ces montagnes plus ou moins élevées dont les sommets, tantôt arides et privés de tout ornement, tantôt couverts de forêts ou de prairies, ici terminés en angles, là évasés en entonnoir, semblent dominer dans la région de l'air, et commander aux vallées qui les environnent.

Les Cordillères, les plus hautes montagnes de la terre, ont plus de neuf mille mètres d'élévation au-dessus de la mer du Sud; le mont Blanc, en Savoie, a plus de sept mille mètres au-dessus de la Méditerranée; le pic de Ténériffe, si renommé pour sa hauteur, n'a guère que six mille mètres. La cime de ces masses énormes, près desquelles nos autres montagnes ne sont que des collines ou des monticules, est placée beaucoup au-dessus de la région où, d'ordinaire, se forment les nuages; et le voyageur, après avoir gravi sur leur sommet, placé, pour ainsi dire, entre le ciel et la terre, dans un jour pur et serein pour lui, voit sous ses pieds d'affreuses nuées, tour à tour enflammées et ténébreuses, darder au loin et la grêle et la foudre sur les campagnes inférieures.

La température des montagnes est d'autant moins chaude, qu'elles ont plus de hauteur. Sur leur sommet, même dans la zone torride, et sous la ligne, règne constamment, pendant les plus grandes chaleurs de l'été, un froid beaucoup plus rigoureux que celui de nos plus rudes hivers. Sur les hautes montagnes du Pérou, qui sont une portion des Cordillères, existe, depuis le commencement des temps, une zone permanente de neiges et de glace, qui a quelquefois jusqu'à douze ou quinze cents toises de largeur, dont le terme inférieur, où commence la nature végétante et vivante, est peu variable, et dont le terme supérieur, fixe et constant, est le sommet de ces montagnes.

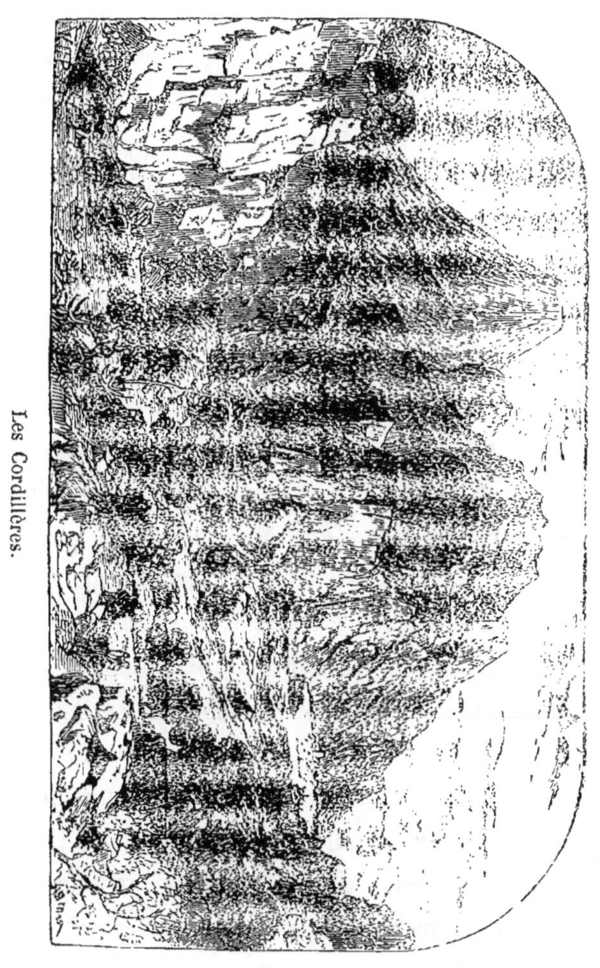

Les Cordillères.

Mais quel peut être le but de cet immense appareil ? Ne serait-il pas plus avantageux pour notre globe que sa surface fût plus égale, et que tant d'énormes masses ne la défigurassent point? La terre serait plus régulière ; la vue s'étendrait plus au loin ; nous voyagerions plus commodément ; nous jouirions enfin de mille autres avantages, si elle n'était qu'une vaste plaine.... Enfant, tu t'égares ; réfléchis au moins un instant, et juge ensuite si c'est avec raison que tu blâmes l'arrangement du globe.

D'abord, il est manifeste que les montagnes et les collines ont été principalement destinées à entretenir et à perpétuer les différentes sources qui forment les rivières et les fleuves. Cette froidure qui règne éternellement sur la partie supérieure des hautes montagnes contribue à condenser les vapeurs , à les convertir en neige, à les ménager avec économie pour rafraîchir et désaltérer la terre, pendant les ardeurs brûlantes de l'été. Leur surface attire, arrête, absorbe les nuages qui sont portés par les vents en différents sens dans l'atmosphère. Les espaces qui séparent leurs pointes sont comme les bassins préparés pour recevoir les brouillards épaissis, les nuées précipitées en pluies ou en neiges. Leurs entrailles sont autant de réservoirs d'où les eaux s'échappent peu à peu par une infinité de petites ouvertures pour féconder nos plaines, abreuver l'homme et les animaux, former de nouveaux nuages par leur évaporation, et réparer les pertes de la mer en se portant de toutes parts dans son sein, tantôt en petites rivières, tantôt en fleuves immenses.

Il est, par rapport aux montagnes, une observation bien importante à faire. Une malheureuse expérience démontre le danger de les dépouiller de leurs arbres. Les pluies, assure-t-on, sont plus rares en certains lieux, et les sources n'y fournissent pas la moitié de l'eau qu'elles donnaient autrefois, parce que les nuages sont beaucoup moins attirés et réunis par un pic décharné que s'il était couvert de bois. D'ailleurs, avec des bois, l'eau suit l'enfoncement des racines et pénètre dans l'intérieur de la terre, tandis que le roc nu la laisse subitement échapper. Combien de prairies naturelles n'a-t-on pas été obligé de détruire, parce qu'il ne reste plus d'eau qui suffise à les arroser! L'abaissement des montagnes a déjà changé et changera encore l'ordre des cultures dans beaucoup de cantons.

A l'avantage inestimable des sources et des fontaines que nous procurent les montagnes, s'en joignent quantité d'autres non moins sensibles. Elles sont la demeure de plusieurs espèces d'animaux dont nous faisons beaucoup usage, et auxquels, sans qu'il nous en coûte la moindre peine, elles fournissent l'entretien et la subsistance; sur leurs flancs, croissent des arbres et un nombre infini de plantes salutaires, qu'on ne cultive pas avec le même succès dans les plaines, ou qui n'y ont pas les mêmes vertus.

Les montagnes mettent certaines contrées à l'abri des vents froids et piquants; nous leur devons les vignes les plus exquises, et leur sein renferme les pierres les plus précieuses; elles garantissent des pays entiers de la fureur des mers et des tempêtes. Posées par la nature comme des espèces de remparts et de fortifications, elles sont les bornes de différents Etats, et en défendent plusieurs contre les invasions de l'ennemi et l'ambition des conquérants. Qui sait si elles ne maintiennent pas l'équilibre de notre globe? Les montagnes n'ont pas été répandues au hasard sur sa surface : elles ont entre elles des rapports de situation, à la lueur desquels l'observateur tente de découvrir les lois secrètes qui ont présidé à leur formation. En général, les grandes chaines vont rayonner vers un centre commun; et des chaines principales naissent des chaines secondaires, qui, à leur tour, donnent naissance à d'autres chaines subordonnées. Enfin, à n'envisager les montagnes que du côté de l'agrément, ce sont des espèces d'amphithéâtres qui nous procurent les perspectives les plus riantes, et qui donnent aux maisons et même à des villes entières la plus intéressante position.

Quelques-unes de ces montagnes, il faut en convenir, sont dangereuses et formidables. Les secousses terribles, les horribles tremblements qu'occasionnent les volcans qu'elles renferment, répandent au loin l'incendie, la destruction et la mort. Mais ces soupiraux sont nécessaires pour prévenir les ravages, plus grands encore, que produiraient les matières propres à fermenter, contenues dans la terre, si elles ne trouvaient point de semblables issues.

Avouons donc qu'à cet égard encore nous n'avons aucun sujet de nous plaindre de l'arrangement du monde. Sans les montagnes, il n'y aurait ni sources, ni lacs, ni rivières ; la mer deviendrait un marais croupissant ; un grand nombre de plantes, les plus belles et les plus salutaires, et plusieurs espèces d'animaux, nous manqueraient entièrement ; et cependant la privation d'une seule de ces choses suffirait pour rendre notre vie triste et misérable ! Tout ce qui existe, depuis le moindre grain de sable jusqu'aux plus hautes montagnes, est calculé, combiné : tout est en harmonie, tout est rempli d'utilité pour les créatures, sur les hauteurs comme dans les lieux profonds, dans les vallons comme sur les collines, au-dessus de la terre comme dans son sein.

La plus grande partie de la surface de notre globe est occupée par l'élément liquide ; et cet amas immense, très distinct des lacs et des fleuves, est ce qu'on appelle *mer*.

La profondeur de la mer varie considérablement,

selon le plus ou le moins grand abaissement du sol qui lui sert de bassin et de lit au-dessous des rivages qui la captivent : la plus commune est d'environ quatre cents mètres, et la plus grande, d'environ dix-huit mille. Abstraction faite des tempêtes et du flux et reflux, la hauteur de la mer n'est pas constammen t la même dans une même contrée. Sa surface paraît, dans la succession des siècles, s'être abaissée en certains endroits et élevée en d'autres; ce qui annonce un déplacement dans ses eaux. La Méditerranée, par exemple, doit être maintenant beaucoup plus basse qu'elle ne l'était jadis, puisque l'ancien port de Marseille n'a plus aujourd'hui une goutte d'eau. Aigues-Mortes et Fréjus, en Provence ; Ravenne, en Italie ; Rosette et Damiette, en Egypte, qui étaient autrefois des ports de mer , sont actuellement plus ou moins avancés dans le continent, et plus ou moins élevés au-dessus du niveau de la mer.

Mais d'un autre côté, les mers de Hollande et des Indes paraissent plus élevées qu'autrefois; presque tout le sol de la Hollande est plus bas que la surface de celle qui l'avoisine, et qui l'engloutirait, sans ces digues immenses qu'on lui oppose à si grands frais. Si, avant la construction de ces digues, les eaux avaient eu la même hauteur qu'à présent, le sol de la Hollande, loin d'avoir été une province habitée, n'eût offert qu'un lit de mer. Quelques contrées des Indes se trouvent dans le même cas, sans qu'on ait remarqué, non plus qu'en Hollande, aucun affaissement général dans le sol. Ainsi, les eaux de la mer peuvent diminuer en hauteur dans une contrée, sans que la totalité diminue sur le globe terrestre, comme l'ont avancé certains philosophes. Les eaux de la mer se déplacent; mais la masse entière reste toujours la même. On voudrait peut-être voir converti en élément solide une partie de l'immense espace qui comprend les mers, les lacs et les fleuves; et, en cela, comme en mille autres choses, on ne montre qu'ignorance et défaut de jugement.

Si l'Océan se trouvait réduit à la moitié de ce qu'il est actuellement, il ne pourrait fournir que la moitié des vapeurs qui s'en exhalent, puisque ces vapeurs sont en raison de la superficie du bassin d'où elles s'élèvent, de la chaleur qui les attire, et la terre ne serait plus suffisamment arrosée. C'est donc une sage prévision qui a rendu la mer assez vaste pour remplir cet important objet. La mer n'est autre chose que le réservoir général des eaux, d'où s'exhalent les vapeurs, qui retombent en pluie, ou qui, lorsqu'elles se rassemblent au haut des montagnes, deviennent les sources des ruisseaux et des fleuves. Si la mer occupait un espace plus resserré, les déserts et les contrées arides seraient beaucoup plus nombreux, parce qu'il tomberait beaucoup moins de pluie sur la terre, et que moins de fleuves en vivifieraient la surface.

Que deviendraient d'ailleurs les avantages qui résultent du commerce, si ce grand amas d'eau n'existait pas? Une partie du globe se trouverait totalement indépendante des autres : tous les peuples de la terre n'auraient pas entre eux des relations étroites, et c'est une des raisons pour lesquelles il est heureux que la terre soit entrecoupée de mers, qui ouvrent une communication facile entre les contrées les plus éloignées. Comment nous procurerions-nous les productions lointaines, si nous étions réduits à les voiturer avec des chevaux ou des bœufs? Et le commerce pourrait-il avoir lieu, si la navigation ne lui ouvrait une voie commode et abrégée en même temps.

II.

Germination des graines.

En général, les végétaux proviennent de graines, qui
sont à la plante ce que l'œuf est à l'oiseau. La graine
dans chaque plante doit reproduire son espèce. Comme
dans chaque œuf se trouve un germe où sont contenus
les principaux linéaments d'un petit animal, à qui il ne
faut qu'un certain degré de chaleur pour se développer,
de même, dans un gland, se trouve un germe où sont
contenus les principaux linéaments d'un végétal qui n'a
besoin que d'un certain degré de fermentation dans la
terre pour devenir un chêne.

Les germes des végétaux se placent de différentes
manières dans ce qui les renferme ; mais aucun végétal

n'est produit sans un germe auquel il doit sa première existence. La vertu reproductrice des végétaux se trouve ordinairement dans les graines, qu'ils produisent hors de la terre, comme le chêne, le blé, le chanvre; c'est dans le développement de ces graines que nous allons considérer la formation et l'accroissement des plantes.

Portons-nous, par la pensée, à cette agréable saison où la nature, après avoir été longtemps couverte en quelque sorte des ombres de la mort, semble renaître et inviter toutes les créatures à se réjouir de sa nouvelle vie. Il se fait alors, sous nos yeux, de prodigieux changements dans le règne végétal; mais il en est beaucoup plus encore qui échappent à nos regards, et qui s'opèrent dans le plus profond secret. Le grain confié à la terre s'enfle, grossit; la plante pousse et s'élève peu à peu. Ce mécanisme mérite d'autant plus notre attention, qu'il est proprement la source des beautés ravissantes que le printemps et l'été offrent à nos yeux.

La graine est diversement composée, selon la différence des espèces; mais sa principale partie est le germe, formé lui-même de deux autres : l'une qui devient la racine; l'autre qui, en s'élevant, forme la tige et la tête de la plante. Le corps de la plupart des graines est composé de deux pièces, qu'on appelle lobes, remplis d'une matière farineuse qui, délayée par l'eau, fournit au germe sa première nourriture. Les mousses ont la semence la plus simple : elle consiste uniquement dans le germe, sans pellicule et sans lobes.

Pour faire germer les graines, l'air et un certain degré d'humidité et de chaleur sont absolument nécessaires ; car, quand certaines graines sont trop profondément dans la terre, elles ne germent pas ; elles peuvent même s'y conserver pendant plus de vingt ans, et germer ensuite, quand on les ramène à la surface. L'augmentation de la chaleur et la différence que l'on remarque dans le goût ainsi que dans l'odeur d'un grain où se développe la germination, y décèlent une fermentation au moyen de laquelle la substance farineuse des lobes, convertie en une espèce de lait, devient propre à nourrir le tendre germe

La plantule, dont l'œil démêle facilement la petite tige, les premières feuilles et la radicule, est logée entre les lobes. Elle y tient par deux principaux vaisseaux nommés, avec beaucoup de raison, mammaires ; car les lobes peuvent être comparés à deux mamelles. On s'est assuré par des expériences faites avec des sucs colorés que ces vaisseaux jettent une multitude de ramifications dans la substance farineuse, qui, délayée par l'humidité et fermentant avec elle, s'introduit dans le corps de la jeune plante, pour y opérer les premiers développements.

Abreuvé de ce lait délicat et proportionné à sa faiblesse, le germe croît de jour en jour. Bientôt ses langes lui deviennent incommodes; il fait effort pour s'en débarrasser et pousse une petite racine qui va chercher dans la terre des sucs plus nourrissants. La petite tige, destinée à habiter l'air, paraît à son tour, et s'élance perpendiculairement dans ce fluide. Quelquefois elle entraîne avec elle les restes des téguments qui l'enveloppaient dans l'état de germe; d'autres fois, deux feuilles, fort différentes de celles de l'âge mûr, l'accompagnent : ce sont les feuilles séminales, dont le principal usage est, peut-être, d'épurer la sève. Quand la plante n'a plus besoin de ces secours, les lobes et les séminales se sèchent peu à peu et tombent. Si on les retranchait lorsque la tige commence à pousser, la plante ne prendrait que de faibles accroissements et serait toute sa vie, à l'égard des plantes de son espèce, ce qu'est un nain à l'égard d'un homme dans toute sa hauteur. Certaines herbes qui viennent sur les montagnes sont d'une nature toute particulière; comme leur durée est très courte, il arriverait souvent que leur semence n'aurait pas le temps de mûrir; afin donc que l'espèce ne périsse point, le bouton qui contient le germe se forme au haut de la plante, pousse des feuilles, tombe et prend racine.

La plantule, en sortant de terre, courrait de trop

grands risques si elle était d'abord exposée à l'air extérieur et aux rayons du soleil. Ses parties demeurent
donc repliées et couchées les unes sur les autres, à peu
près comme elles l'étaient dans la graine. Mais à mesure que la racine se fortifie et se ramifie, elle fournit
aux vaisseaux supérieurs une abondance de sucs, au
moyen desquels tous les organes ne tardent pas à se
développer. La plante, presque gélatineuse dans les
commencements, acquiert peu à peu plus de consistance, et parvient enfin à l'état de grandeur et de force
qu'elle doit avoir.

Que de préparatifs et de soins la nature met en
œuvre pour produire le moindre végétal! Un grain
sortant de la terre où la main de l'homme l'a semé,
n'est pas, comme on se l'imagine d'ordinaire, un spectacle peu digne d'attention. Il présente une de ces
merveilles qui font le sujet des méditations des plus
grands hommes.

La plupart des graines ne sont point semées par la
main des hommes; elles échappent même à leurs
regards : c'est la nature qui se charge de ce soin.
Quelques-unes sont garnies de volants, d'aigrettes,
de panaches, qui leur servent d'ailes, au moyen desquelles les vents les emportent à des distances prodi-
gieuses. D'autres sont menues et néanmoins assez
pesantes pour tomber perpendiculairement sur la terre

et pour s'y insinuer sans aucun secours étranger. Celles-ci plus grandes et plus légères, et qui pourraient être dispersées par le vent, ont souvent un ou plusieurs crochets qui les arrêtent et les empêchent de se répandre trop loin. Il y en a qui sont renfermées dans des capsules élastiques, dont le ressort les élance à des distances convenables dès qu'on les touche ou qu'elles acquièrent un certain degré de sécheresse ou d'humidité.

Les graines qui n'ont ni panaches, ni ailes, ni ressorts, et qui par leur pesanteur semblent condamnées à rester au pied du végétal qui les a produites, sont souvent celles qui font les plus longs voyages : elles volent avec les ailes des oiseaux. C'est par eux que se ressèment une multitude de fruits, soit à pepins, soit à noyaux, dont les semences, renfermées dans des croûtes pierreuses et indigestibles, sont avalées par les habitants de l'air, qui vont les planter sur les corniches des tours, dans les fentes des rochers, sur les troncs des arbres, au delà des fleuves et des mers. Ainsi un oiseau des Moluques repeuple de muscadiers les îles désertes de cet archipel, malgré les efforts des Hollandais qui détruisent ces arbres dans tous les lieux où ils ne servent pas à leur commerce. Diverses semences, par leur goût et leur odeur agréables, invitent les oiseaux à les avaler; ils les disposent à la germination

par la chaleur de leurs intestins, et lorsqu'elles y ont
séjourné quelque temps, ils les laissent tomber à
terre : elles y prennent racine, y poussent, y fleu-
rissent et produisent de nouvelles graines. On voit
même des quadrupèdes transporter fort loin les plantes
des graminées, comme les chevaux, dont les fumiers,
par cette raison, gâtent les prairies en y introduisant
quantité d'herbes étrangères dont ils ne digèrent pas
les semences. Souvent aussi, par le simple mouvement
de leurs queues, ils en ressèment d'autres, qui s'attachent à leurs poils. De petits quadrupèdes, tels que
les loirs, les hérissons et les marmottes, transportent
dans les parties les plus élevées des montagnes les
glands, les châtaignes et les faînes.

Si la dissémination des plantes avait été entièrement
abandonnée aux soins des hommes, dans quel état
seraient les forêts et les prairies ? Mais voyez comme,
au retour du printemps, l'herbe et les fleurs sortent
de la terre et l'embellissent, sans qu'ils y aient en rien
contribué.

Quel intéressant spectacle que celui d'un verger
rempli de mille arbres divers, qui fournissent à nos
tables les mets les plus délicieux ! Que de douces sensations n'excite pas un parterre où la nature et l'art
ont réuni toute la richesse du coloris, toutes les espèces
de parfums, où l'œil et l'odorat, également flattés,

semblent ravir l'âme hors d'elle-même et la transporter
à l'envi partout où elle trouve des sources d'innocents
plaisirs !

Presque toutes les fleurs sont pliées dans un bouton
où elles se forment en secret, et sont garanties par
leurs enveloppes et leurs tuniques. Lorsqu'ensuite la
sève survient en abondance, surtout vers le printemps,
la fleur grossit, le bouton s'ouvre, et l'un des plus
séduisants phénomènes du règne végétal se montre à
nos yeux.

La fleur, en ornant nos jardins, nos vergers, nos
campagnes, nous prépare souvent un fruit délicieux,
un grain nourrissant, une farine précieuse. Son calice
se métamorphose en pomme, dans le pommier; en
fraise, dans le fraisier; en grain, dans le blé. Telle est
l'admirable économie de la nature ! Le germe qui conserve et multiplie les plantes naît communément
enveloppé d'une substance destinée à faire la nourriture et les délices des êtres vivants.

Parmi les fruits, les uns sont à pepin, les autres à
noyau; les uns cassants, les autres fondants; les uns
farineux, les autres ligneux. Ceux-ci naissent près de
la terre, ceux-là dans son sein même; plusieurs se
forment dans la région de l'air, tantôt isolés, tantôt
en grappes. L'âcreté qui les caractérise tous dans les
premiers temps de leur formation cesse et s'évanouit

d'ordinaire quand la chaleur du soleil ou la fermentation intérieure des parties a perfectionné leur substance.

Hérissons.

Vous voyez quel concours de causes est nécessaire

Loir.

pour produire les végétaux, pour les conserver et pour
les propager. Quoique les germes préexistent tout

formés dans leurs graines, quel art ne faut-il pas pour les développer, pour donner l'accroissement à la plante, pour la conserver et pour en perpétuer l'espèce ? La terre devait être une mère féconde dans le sein de laquelle les végétaux pussent être placés convenablement et se nourrir. L'eau et l'air qui contribuent si fort à les alimenter devaient être composés de parties dont le mélange pût servir à leur accroissement; le soleil devait mettre tous les éléments en action, faire germer les semences par sa chaleur et mûrir les fruits. Il fallait un juste équilibre, une exacte proportion entre les plantes, afin que, d'un côté, elles ne se multipliassent pas trop, et que, de l'autre, elles fussent toujours en nombre suffisant. Il fallait que leur tissu, leurs vaisseaux, leurs fibres, et toutes leurs parties, fussent tellement disposés, que la sève, le suc propre pussent y pénétrer, y circuler et s'y préparer, de manière que chacun d'entre elles reçût la forme, la grosseur et la force qui lui étaient propres. Il fallait déterminer exactement quelles plantes devaient venir d'elles-mêmes et quelles autres auraient besoin des soins et de la culture des hommes. L'œuvre de la génération et de la propagation des végétaux est si compliquée, elle passe, pour ainsi dire, par tant d'ateliers, qu'il nous est impossible de démêler cette longue suite de causes et d'effets qui les produisent.

III.

Circulation de la sève.

Pour entretenir toutes les opérations qu'on admire dans les végétaux, il faut qu'ils aient un moyen de réparer les pertes qu'elles occasionnent. Au retour du printemps, les arbres qui, durant plusieurs mois, avaient paru totalement privés de la vie, commencent à en donner des signes. Quelques semaines après, il s'y en manifeste de plus grands encore, et, dans peu, les boutons grossissent, s'ouvrent, et produisent leurs précieuses fleurs. Cette révolution s'observe régulièrement au renouvellement de la belle saison.

Les effets que nous remarquons, au printemps, dans les arbres et dans les autres plantes, sont produits par la sève, qui est mise en mouvement dans leurs vaisseaux au moyen de l'air, et par l'augmentation de la chaleur. Comme la vie des animaux dépend de la circulation de leur sang, celle des végétaux et leur accroissement dépendent de la circulation de la sève; toutes leurs parties sont disposées de manière à ce qu'elles concourent à la préparation, à la conservation et au mouvement de ce suc.

Au reste, la circulation végétale est bien différente de celle qu'on observe dans les animaux. La plante ne possède ni cœur, ni artères, ni veines; et un fait très connu suffit pour nous en convaincre. Un arbre planté à contre-sens, la racine en haut, la tête en bas, ne laisse pas de végéter, de croître et de multiplier; de la racine sortent des branches, des feuilles, des fleurs et de^s fruits; de la tête proviennent des racines, des radicules, et un chevelu plus ou moins abondant. Ce fait ne peut se concilier avec l'appareil d'organisation que supposerait, dans les plantes, une circulation comparable à celle des animaux.

Mais, s'il n'y a pas de vraie circulation de la sève, il ne s'ensuit point qu'il n'y ait pas, dans le corps de la plante, des vaisseaux ascendants et des vaisseaux descendants; un suc qui s'élève, par les premiers, jusqu'aux feuilles, et qui descend, par les seconds, jusqu'aux racines : on présume même qu'il a un cours transversal et oblique dans tous les sens. C'est une sorte de circulation, assortie à cette espèce d'êtres organisés; car il faut bien admettre, dans la sève, un

mouvement qui l'élabore et la dispose peu à peu à
revêtir la nature propre de la plante; les sécrétions
végétales supposent même, dans les vaisseaux, un jeu
secret, dont l'effet est très différent de cette espèce de
balancement que nous venons d'observer.

Pendant le jour, l'action de la chaleur sur les
feuilles y attire abondamment le suc nourricier. Les
petits organes excrétoires dont elles sont garnies, et
qui s'y montrent sous différentes formes, séparent les
parties les plus aqueuses ou les plus grossières du suc
qui s'élève de la racine. L'air renfermé dans les trachées
de la tige et des branches, se dilatant de plus en plus,
presse les fibres ligneuses, et accélère ainsi la marche
de la sève, en même temps qu'il la fait pénétrer dans
les parties voisines.

A l'approche de la nuit, la surface inférieure des
feuilles commence à s'acquitter d'une de ses principales
fonctions. Les petites bouches dont elle est pourvue
s'ouvrent, et reçoivent avec avidité les vapeurs et les
exhalaisons qui sont dans l'atmosphère. L'air des
trachées se resserre; elles diminuent de diamètre; les
fibres ligneuses, moins pressées, s'élargissent, et
admettent les sucs que les feuilles leur envoient. Ces
sucs se joignent au résidu de celui qui était monté
pendant le jour, probablement aussi aux différents
corps absorbés, dans le même temps, par les feuilles;

et toute la masse tend vers les racines. Des injections de matières colorées ont appris que la sève monte par les fibres ligneuses, qui la conduisent à la surface inférieure des feuilles; et qu'une partie de ce fluide nourricier descend par les fibres de l'écorce, vers les racines.

Quoiqu'une plante ne paraisse pas chaude au toucher, on ne saurait douter qu'elle ne possède un certain degré de chaleur qui lui est propre, et qui, pendant l'hiver, surpasse celui de l'air ambiant. La circulation des sucs ne cesse pas dans cette saison.; elle n'est que ralentie; ce qui suppose une certaine chaleur, qu'on croit se rapprocher assez de celle des animaux à sang froid.

Voilà, ce semble, à quoi se réduit la mécanique des mouvements de la sève; c'est ainsi qu'elle nourrit l'arbre, et se transforme en sa substance, pour lui donner toujours de nouveaux accroissements. Si les sucs cessent d'arriver, si la circulation s'arrête, si l'organisation intérieure de l'arbre est détruite par un froid trop rigoureux, par la vieillesse, par une plaie, ou par quelque autre accident extérieur, l'arbre meurt.

Après toutes ces considérations, verrai-je encore, dans la plus belle des saisons, les arbres d'un œil indifférent? La révolution qui alors s'opère en eux me paraîtra-t-elle peu digne d'attention?

IV.

Les feuilles des arbres.

Les feuilles, ornement des arbres, sont une des grandes beautés de la nature ; elles sont la parure des jardins, des campagnes et des bois. Quel plaisir ne nous donne pas l'ombre qu'elles nous procurent dans les jours brûlants de l'été ! Qui, dans ces moments où les ardeurs du soleil embrasent l'atmosphère, n'a pas désiré d'être assis au pied d'un arbre dont le feuillage épais pût lui servir d'abri et lui laisser respirer un air plus frais ? Tranquillement étendu sur le gazon qui tapisse le pied de cet arbre bienfaisant, il voit, en quelque sorte, voltiger au-dessus de sa tête ce pavillon mobile, pendant que ses membres fatigués reposent moelleusement sur un lit de verdure. La chaleur dévorante qui circulait dans ses veines se dissipe insensiblement ; la fraîcheur vient réparer ses forces ; il renaît, et, déjà prêt à continuer sa course, il se lève, en saluant l'arbre hospitalier qui lui a rendu une nouvelle vie.

Ce n'est là, toutefois, que la moindre utilité qui nous revienne du feuillage des arbres. Il suffit de considérer la merveilleuse structure des feuilles pour se convaincre qu'elles ont une destination et des usages tout autrement importants. Chaque feuille a certains vaisseaux qui, étant fort serrés dans la queue ou pédicule, se séparent à l'extrémité supérieure en différentes nervures principales, qui se ramifient, se divisent et se subdivisent presque à l'infini dans l'une et l'autre surfaces. Il n'est pas une feuille qui, outre ces vaisseaux extrêmement déliés, n'ait une multitude étonnante de pores. On a observé que, dans une espèce de buis appelé *palma cereris*, il y en a plus de cent soixante douze mille sur un seul côté.

En plein air, les feuilles tournent leur surface supérieure vers le ciel et l'inférieure vers la terre, ou vers l'intérieur de la plante. A quoi bon cet arrangement particulier, si leurs fonctions se bornaient à orner les arbres et à nous procurer de l'ombrage ? Il faut assurément qu'il ait quelque autre but plus intéressant.

Ces feuilles, qui nous charment, contribuent encore,
d'une manière immédiate, à la nutrition des végétaux.
Non seulement elles séparent, comme nous l'avons
dit, les parties les plus aqueuses et les plus grossières
qui s'élèvent de la racine ; elles sont elles-mêmes des

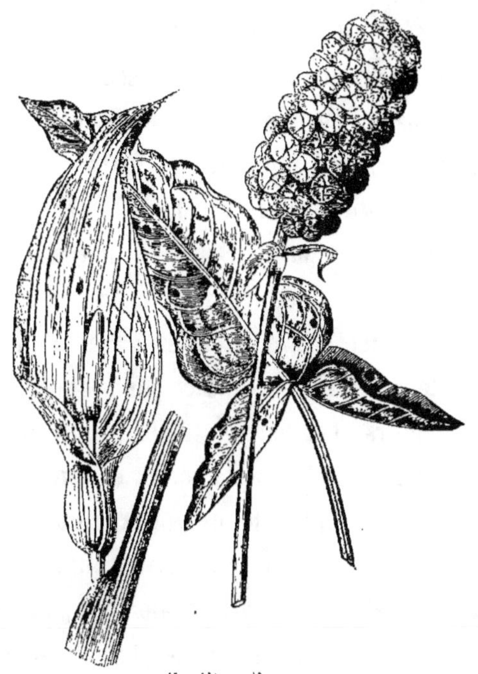

Feuilles d'arum.

espèces de racines, qui pompent dans l'air des fluides
qu'elles transmettent aux parties intérieures. La rosée
qui s'élève de la terre est le principal fonds de cette
nourriture aérienne ; les feuilles lui présentent leur
surface inférieure, garnie d'une infinité de petits
tuyaux toujours prêts à l'absorber ; et, afin qu'elles ne

se nuisissent pas l'une à l'autre dans l'exercice de cette fonction, elles ont été arrangées sur la tige et sur les branches avec un tel art, que celles qui précèdent immédiatement ne recouvrent pas celles qui suivent. Par là, les plantes, dans les temps de sécheresse, ne courent pas le risque d'être privées de nourriture : elles reçoivent en abondance une rosée vivifiante, qui est pompée par la surface inférieure des feuilles.

L'expérience nous apprend que, parmi des feuilles égales et semblables prises sur le même arbre, celles qui sont appliquées par leur surface inférieure sur des vases pleins d'eau, se conservent très vertes, des semaines et même des mois entiers; tandis que celles qui présentent à l'eau leur surface supérieure périssent en peu de jours. Les herbes, toujours plongées dans les plus épaisses couches de la rosée, et dont l'accroissement se fait avec plus de promptitude que celui des arbres, ont leurs feuilles construites de manière qu'elles pompent la rosée à peu près également par l'une et l'autre surface, quelquefois même plus abondamment par la surface supérieure.

Les plantes transpirent beaucoup; et la surface inférieure des feuilles paraît être encore le principal organe de cette opération si importante. Des feuilles dans lesquelles cette surface est enduite d'une manière impénétrable à l'eau, tirent et transpirent beaucoup moins, en

temps égal, et à la même température, que des feuilles
semblables dont la surface inférieure n'est point enduite
d'un tel vernis. Il a paru résulter de ces expériences
qu'il se fait peu de transpiration par la surface supérieure : d'où l'on peut inférer qu'une de ses principales
fonctions est de servir d'abri et de défense à la surface inférieure ; et c'est là, sans doute, l'usage de ce
vernis naturel et si lustré qu'on remarque sur la première.

Mais rien n'est stable ici–bas. Ces riantes campagnes
au milieu desquelles je me plais à m'égarer, se dépouillent insensiblement de leurs beautés ; peu à peu se
font sentir les ravages que l'approche des frimas opère
dans les jardins et les forêts. Cette merveilleuse décoration va disparaître ; toutes les plantes, à la réserve
d'un petit nombre, perdront le brillant ornement de leur
feuillage ; et, durant six mois, la nature sera couverte
du voile lugubre de l'hiver.

A peine les feuilles sont-elles chargées du premier
givre, qu'on les voit tomber par flocons. L'air, resserré
par le froid, exerce peu son ressort sur la sève ; elle
s'engourdit ; et si elle ne cesse pas totalement de circuler, du moins elle ne le fait que très faiblement. Les
feuilles jaunissent, elles se dispersent à la moindre
secousse des vents et elles leur servent de jouet, Mais
la gelée n'est pas l'unique cause de la chute des

feuilles ; elles tombent aussi lorsqu'il ne gèle point de tout l'hiver ; les arbres mêmes qu'on a mis dans la serre, pour les garantir de la rigueur de la saison, éprouvent ce dépouillement.

Les feuilles paraissent ne se joindre aux branches que par une espèce d'articulation; quand les arbres, vers la fin de l'automne, perdent leur ornement, les cicatrices qu'elles laissent en se détachant prouvent que ces parties sont simplement contiguës, puisque leur séparation se fait sans déchirure. Les vaisseaux de communication de l'arbre à la feuille, et les fibres qui se continuent de l'un à l'autre, ne reçoivent plus les sucs nécessaires à leur entretien, par la suppression et l'engourdissement que cause, dans le mouvement de la sève, la température froide de l'air. L'engorgement par trop d'humidité, le resserrement des fibres, l'oblitération ou l'affaissement de tous les pores des feuilles, ne permettent plus ni absorption, ni transpiration ; celles-ci deviennent des organes inutiles, elles se détachent enfin des branches, et bientôt les campagnes sont privées de leur parure.

Au reste, les feuilles, séparées du végétal qui les a produites, ne restent point inutiles sur la terre qui les reçoit. Rien n'est perdu dans la nature; et les débris des plantes ont aussi leur usage. Ils se pourrissent au bas des arbres, sous les pieds des animaux, et se con-

vertissent en cet *humus* ou terre végétale si essentielle
à la nourriture des plantes. Cette jonchée les préserve

Arbres du Midi.

sous sa molle épaisseur ; elle les met à l'abri des vents
rigoureux ; elle couvre toutes les graines autour des-

quelles s'entretiennent ainsi une humidité et une chaleur qui les aident à germer, comme si elles étaient dans la terre la plus douce ; et par là, cette jonchée supplée naturellement au travail de l'homme.

C'est ce qu'on remarque surtout à l'égard des feuilles du chêne. Elles fournissent un excellent engrais, non seulement aux arbres, mais à leurs rejetons ; elles sont d'ailleurs très avantageuses aux pâturages des forêts, en ce qu'elles favorisent l'accroissement de l'herbe qu'elles recouvrent, et sur laquelle bientôt elles périssent. Aussi le cultivateur intelligent se garde-t-il bien de ramasser les feuilles, à moins qu'elles n'existent en si grande abondance, que l'herbe n'en soit plutôt étouffée que nourrie. Dans certains pays, les habitants de la campagne font de grands amas de feuilles ; ils les brûlent tout l'hiver, et les cendres qui en proviennent sont propres à l'ameublissement des terres fortes ou paresseuses. On répand les feuilles dans les étables, au lieu de paille, et on en fait une excellente litière pour les bestiaux ; on les mêle encore avec le fumier ordinaire. Ce terreau est surtout d'une grande utilité dans les jardins, où l'on en étend des couches qui contribuent beaucoup à l'accroissement des fruits et des jeunes arbres.

Qui pourrait méconnaître dans la nature l'action sans cesse existante d'une prévoyance paternelle ? Elle a placé au midi des arbres toujours verts, et leur a donné un large feuillage pour défendre les animaux de l'extrême chaleur : elle y est encore venue à leur secours en les couvrant de robes à poils ras, afin de les vêtir à la légère ; et, pour les tenir fraîchement, elle a tapissé de fougères et de lianes la terre qu'ils habitent. Elle n'a pas oublié les besoins des animaux du Nord : à ceux-ci, elle a donné pour toits les sapins, qui conservent leur verdure, dont les pyramides hautes et touffues écartent les neiges de leurs pieds et dont les branches sont si garnies de longues mousses grises, qu'à peine on en aperçoit le tronc ; pour litières, elle leur offre les mousses mêmes de la terre, qui, en plusieurs endroits, y ont plus d'un pied d'épaisseur, ainsi que les feuilles molles et sèches de beaucoup d'arbres qui tombent précisément à l'entrée de la mauvaise saison ; enfin, elle leur donne pour provisions les fruits de ces arbres, qui sont alors en pleine maturité ; en sorte qu'ils trouvent souvent à l'abri du même sapin de quoi se loger, se nourrir et se tenir chaudement.

V.

Formation des végétaux.

La plante végète ; elle se nourrit, croît ; elle se multiplie. J'ai tâché de me faire une idée des moyens qu'emploie la nature dans ces grandes opérations : je veux ici m'arrêter sur la formation des végétaux, et jeter particulièrement quelques regards sur la manière dont s'opèrent leur nutrition et leur développement.

Le végétal se forme et se développe par le moyen des sucs nourriciers que lui apportent ses racines et ses feuilles, et que prépare et modifie son organisation. Il tire l'humidité de la terre et d'autres sucs à l'aide de ses chevelus, qui tous sont autant de petits tuyaux capillaires ; il pompe l'humidité de l'air par ses feuilles, où se trouve l'embouchure d'une infinité de conduits qui y commencent ou qui s'y terminent.

Vous avez observé, dans les plantes, une sève ascen-

dante et une sève descendante ; et vous en avez conclu
une circulation de sucs nourriciers dans les végétaux,
différente néanmoins de la circulation du sang et des
humeurs dans les animaux. On connaît, dans les arbres,

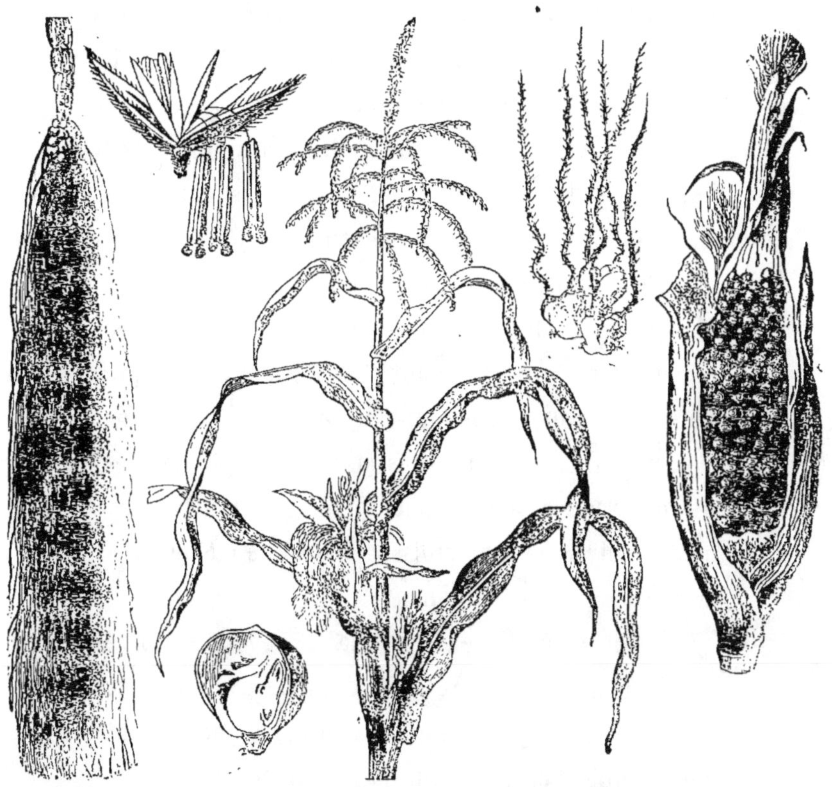

Feuilles de maïs.

des vaisseaux lymphatiques qui voiturent la sève ou la
nourriture comme aux différentes espèces, et des
vaisseaux propres où coulent les sucs particuliers à
chacune d'elles. Vous avez en outre remarqué ces trachées, ou vaisseaux aériens, placées en lignes spirales

à l'entour du tronc, et destinées à faciliter la circulation de la sève et des sucs propres.

Les canaux de la sève et du suc propre, divisés en une infinité de ramifications, vont nourrir et sustenter toutes les parties de la plante, le tronc, l'écorce, les feuilles, les fleurs, en y portant des sucs élaborés d'une manière convenable à chacune d'elles. Nous observerons plus en détail, en traitant de l'air, que les feuilles, en absorbant sans cesse une immense quantité de vapeurs nuisibles, contribuent à maintenir l'atmosphère dans le degré de salubrité qu'exige la vie des êtres animés : frappées des rayons du soleil, elles dégagent un air pur, destiné à la même fonction. Bornons-nous à examiner ici comment cette partie si essentielle des plantes peut suffire, avec les racines, pour procurer à tant de productions diverses, qui croissent dans une même terre, les sucs qui leur conviennent.

On croit généralement que chaque végétal est organisé de manière à ne recevoir de la terre que les sucs qui lui sont propres, et l'on cite à l'appui de cette opinion une expérience que tout le monde est en état de répéter. Mêlez, dans un vase, de l'eau, du vin et de l'huile ; prenez trois bandes de papier imbibées chacune séparément de l'une de ces trois liqueurs, et plongez-les dans ce vase par une de leurs extrémités, en sorte que la partie extérieure des bandes soit plus longue

que celle qui est plongée dans le mélange; chacune
des trois attirera uniquement la liqueur dont elle est
imbibée, et toutes couleront séparément hors du vase.

Tels, dit-on, doivent être conçus les suçoirs des
plantes, lesquels, recevant uniquement la substance
appropriée à léurs organes et à leur nature, rejettent
toutes les autres. On regarde comme une chose démon-
trée que la terre est la principale nourriture des
plantes; qu'elle s'introduit par les racines dans l'intérieur, et s'incorpore avec elles. En un mot, on se
persuade que les engrais et la terre, dissous et charriés
par l'eau, fournissent abondamment de leur propre
substance à la munition des végétaux; et que, quand
ceux-ci se réduisent en terre par la putréfaction, cette
terre n'est que le résidu de celle que la plante avait
tirée du sol, et qu'elle s'était appropriée.

Mais, d'un autre côté, de très belles expériences semblent prouver que le principal usage de la terre est de
servir de point d'appui aux plantes qui y croissent.

Van Helmont rapporte un fait surprenant. Il planta
un saule du poids de cinquante livres dans un vase qui
contenait cent livres de terre; il eut soin de n'arroser
qu'avec de l'eau distillée ou de pluie, et l'attention de
fermer le vase de manière à interdire l'accès à toute
matière étrangère; cinq ans après, le poids du saule
garni de toutes ses feuilles se trouva augmenté de cent

dix-neuf livres trois onces, quoique la terre n'eût perdu que deux onces de son premier poids.

La végétation des plantes terrestres dans l'eau pure vient à l'appui de ces résultats. Vous voyez, chaque hiver, ces oignons de diverses espèces que l'on fait végéter dans l'eau, et dont les fleurs, quelquefois aussi belles que dans les meilleures terres, défient en quelque sorte le printemps. On a fait germer dans des éponges humectées des marrons, des amandes, des glands. Les petits arbres provenus de ces semences, élevés dans l'eau pure, y firent, pendant les premières années, d'aussi grands progrès que s'ils eussent été en pleine terre : un jeune chêne, en particulier, subsista ainsi pendant huit ans; il avait alors quatre ou cinq branches qui partaient d'une tige de dix-neuf à vingt lignes de circonférence, et de plus de dix-huit pouces de hauteur : le bois et l'écorce en étaient bien formés; et, chaque année, il se couvrait de belles feuilles. Tous ces petits arbres donnèrent, par l'analyse chimique, les mêmes principes que d'autres petits arbres, de même âge et de même espèce, qui avaient été élevés en pleine terre.

L'eau la plus pure ne contient pas l'aromate de la menthe, le sucre de la betterave, la glu du houx, le suc âpre du chêne; et pourtant tous ces végétaux peuvent croître dans l'eau pure, et y acquérir les mêmes qualités qu'en pleine terre. On n'a encore vu, il est vrai, aucun arbre fleurir et fructifier dans l'eau seule ; mais dans la mousse qu'un célèbre naturaliste a eu soin de tenir humectée, il a eu le plaisir d'élever un poirier, un prunier et un cerisier, qui lui ont donné de très bons fruits ; il a vu une tubéreuse y atteindre près de quatre pieds de hauteur, et s'y garnir dé quarante cloches d'une beauté et d'un parfum admirables ; il a vu enfin une bouture de vigne blanche, devenue dans la mousse un vrai cep, pousser, dans l'espace de quelques mois, des jets de plus de dix pieds de longueur, chargés de sept ou huit grosses grappes d'un excellent goût.

Le nombre, l'espèce et la contexture des vaisseaux, leurs proportions, leurs repliements, préparent, élaborent et modifient le fluide nourricier, de manière à former l'étonnante variété que nous admirons dans les plantes. L'eau et l'air, ou, pour mieux dire, leurs principes constitutifs, et le carbone, paraissent les seuls principes immédiats de la plupart des végétaux : la terre leur sert de base ; les différentes sortes d'engrais ne contribuent à la végétation qu'en lui fournissant les molécules de ces fluides et du carbone.

Le corps des végétaux est une sorte de laboratoire où la nature combine, dans le plus profond secret, un petit nombre d'éléments : leurs organes sont des instruments inimitables qui exécutent des opérations infiniment supérieures à toutes les forces de l'art.

VI.

Les fleurs.

D'où vient qu'à l'ouverture d'un jardin fleuri, on ressent une joie subite? et pourquoi, sans avoir aucune pensée distincte, goûte-t-on alors une satisfaction qu'on éprouve difficilement ailleurs? Ce n'est pas sans dessein que les fleurs sont si magnifiquement parées : elles sont visiblement faites pour plaire à l'homme; elles n'ont même d'agrément que pour lui; les animaux, à leur vue, ne paraissent goûter aucun plaisir; ils ne s'y arrêtent jamais, ils les confondent avec l'herbe commune; ils foulent aux pieds les plus belles, et n'ont pour cet ornement de la terre que la plus entière indifférence. L'homme, au contraire, parmi cette foule d'objets qui l'environnent, démêle et recherche les fleurs avec une complaisance singulière.

En nous accordant les richesses de la terre, le Créateur a perpétué son présent pour tous les siècles, par la commission qu'il a donnée aux fleurs de renouveler, d'année en année, les plantes dont elles rendent les graines fécondes. Mais si leur fonction eût été uniquement de fournir à chacune de ces plantes un germe reproducteur, la plupart n'eussent pas été relevées par des formes si gracieuses, par des couleurs si touchantes. Il en est même un très grand nombre qui ne paraissent avoir d'autre emploi que de présenter à l'homme un bouquet; et, tandis que les autres lui préparent un fruit dont il doit faire usage après la fleur, il ne connaît à celles-là d'autre mérite que celui de lui plaire.

A peine pourrait-on croire jusqu'où a été portée l'attention à réjouir l'homme par la beauté et par la multitude des fleurs ! On dirait qu'elles ont reçu l'ordre de naître sous ses pas : nulle partie, dans la nature, qui ne lui en offre tour à tour. Elles croissent au haut des arbres, et sur l'herbe qui rampe ; elles embellissent les vallées et les montagnes; les prairies en sont émaillées ; il les cueille au bord des bois, et jusque dans les déserts : le printemps, l'été et l'automne les font succéder les unes aux autres avec profusion.

Cette multitude, d'ailleurs, est nécessaire à nos besoins; car à combien d'accidents ne sont-elles pas exposées ! Si, par exemple, elles étaient en moindre quantité sur nos arbres fruitiers, il nous arriverait bien plus souvent de manquer de fruits. Et où les abeilles trouveraient-elles assez de miel, si la nature n'avait pas autant multiplié les réservoirs où elles savent le puiser ?

Mais la variété qui règne entre les fleurs est peut-être plus surprenante encore. S'il existait entre les fleurs une ressemblance parfaite, relativement à leur structure, à leur forme, à leur grandeur, à leur parure, cette uniformité fatiguerait nos sens et produirait l'ennui ; ou si l'été ne présentait de plantes et de fleurs que celles du printemps, nous nous lasserions de les contempler et de donner nos soins à leur culture. C'est donc un bonheur de voir si agréablement diversifiées les productions du règne végétal.

Cette diversité ne s'étend pas seulement sur des familles entières du royaume des plantes, elle s'étend sur les simples individus. L'œillet est différent de la rose ; la rose, de la tulipe ; chaque lis, chaque rose a encore son caractère propre, ses beautés et ses variétés particulières. Dans chaque plante, dans chaque arbuste, il n'y a presque aucune fleur où l'on ne remarque quelque diversité, soit dans la structure, soit dans la grandeur, soit dans le mélange des couleurs ; on n'y trouve pas deux fleurs dont la forme et les nuances soient parfaitement semblables ; et quoique de la

même espèce, chacune a ses ornements qui la distinguent.

La nature, qui s'est jouée dans la distribution des

Cueillette de fleurs.

couleurs dont les fleurs sont parées, a mis de nouveaux
agréments dans l'air et dans la figure qu'elle a donnés
à chacune d'elles. Parmi celles qui remplissent un

parterre, les unes s'élèvent avec un port plein de dignité et de grandeur ; d'autres, sans faste et sans appareil, attirent les yeux par la régularité de leurs traits.

Arrêtons-nous ici, et réfléchissons sur les vues de sagesse et de bienfaisance qui se manifestent dans cette succession des fleurs. Si toutes paraissaient en même temps, nous serions privés du plaisir que procurent ces changements agréables et progressifs qui nous rendent la nature toujours nouvelle ; nous serions tantôt dans une excessive abondance, tantôt dans une entière disette ; à peine aurions-nous eu le temps d'observer la moitié de leurs agréments, que nous en serions privés. Mais comme chaque espèce a sa place et son temps marqués, nous pouvons les contempler à notre aise, les examiner, jouir à loisir de leurs charmes, et faire une plus ample connaissance avec elles.

Le même ordre dans lequel se suivent les plantes et les fleurs se remarque aussi dans l'espèce humaine. Chaque homme paraît sur la terre au lieu qui lui est assigné, et dans le temps qui a été choisi pour son existence. Depuis le commencement du monde, les générations se succèdent régulièrement sur ce vaste théâtre. Des enfants naissent, des hommes croissent ; des vieillards sont près de retourner dans la poussière ; et, tandis que l'un se prépare à se rendre utile, l'autre a déjà fini son rôle et sort de la scène.

Mais comment se fait-il que les vapeurs qui s'exhalent des plantes et des fleurs parviennent si facilement jusqu'aux nerfs de l'odorat ? Pour répondre à cette question, il faudrait prévenir ce que nous aurons à dire en parlant de l'économie animale. Qu'il nous suffise de savoir en ce moment que l'organe de l'odorat est constitué de manière à nous faire recevoir l'impression des odeurs les plus faibles.

Que l'odorat soit un bienfait, je ne puis me le dissimuler, surtout quand je me délasse auprès de ces objets enchanteurs qui, de toutes parts, environnent l'habitation de l'homme. Je ne jouirais qu'à moitié des beautés du règne végétal, si j'étais privé de cet organe. Mais, par la structure avantageuse de mon corps, deux de mes sens, l'odorat et la vue, éprouvent en même temps le plus pur des plaisirs.

De tous côtés, je découvre une multitude de fleurs en boutons. Elles sont encore sous l'enveloppe, étroitement renfermées dans leurs retranchements ; toutes leurs beautés sont cachées, tous leurs charmes voilés.

Mais bientôt les rayons pénétrants du soleil ouvriront les fleurs ; ils les délivreront de leurs liens de soie, et les mettront en état de s'épanouir avec magnificence. De quelles agréables couleurs elles brilleront alors ! quels parfums délicieux n'exhaleront-elles pas !

Il règne entre les fleurs des arbres, comme entre

celles d'un parterre, une infinie diversité. Toutes sont belles; mais leurs beautés sont différentes : l'une surpasse l'autre; mais il n'en est aucune qui ne se fasse valoir par quelque agrément qui lui est propre. Tel arbre a des fleurs d'une blancheur éclatante; celles d'un autre ont des filets et des nuances qui manquent aux premières; d'autres encore donnent un nouveau prix à la beauté de leurs formes et de leurs couleurs, par les parfums exquis qu'elles exhalent. Mais ces diversités si multipliées ne sont qu'accidentelles et n'intéressent en aucune sorte leur fécondité. Ainsi, lorsque la nature ne vous favorise pas des mêmes avantages qui brillent dans quelqu'un de vos frères, n'en soyez ni affligés ni découragés. La privation de quelques dons particuliers ne nuit en rien au véritable bonheur. Si vous n'êtes ni aussi riche, ni aussi considéré, ni d'une figure aussi intéressante que d'autres, vous pouvez être aussi heureux et aussi vertueux.

Pourquoi les fleurs des arbres nous plaisent-elles plus encore que les riches couleurs d'une tulipe, d'une renoncule? C'est que le plaisir que celles-ci nous font en réjouissant nos yeux est très court et se borne à ce seul objet, au lieu que les autres, en même temps qu'elles nous enchantent par leur odeur et leur coloris, nous font de plus espérer des fruits délicieux.

VII.

Les fruits.

Aux mois où la nature se plaît à étaler ses beautés les plus séduisantes, succède l'heureuse saison où elle nous prodigue des biens de toute espèce. Les charmes de l'été ont fait place à des plaisirs plus solides : des fruits délicieux ont remplacé les fleurs. La pomme dorée, dont l'éclat est encore rehaussé par des filets couleur de pourpre, fait plier la branche qui la porte. Les poires fondantes, les prunes, dont la douceur égale celle du miel, viennent tenter notre goût, en flattant nos yeux. Ici, la pomme d'api se montre avec son luisant, qu'on prendrait pour un beau vernis; afin de lui procurer le rouge éclatant qu'y appliquera le grand peintre de la nature, une main prévoyante a coupé sagement les feuilles qui pouvaient lui porter une ombre funeste.

C'est avec une sage économie que la nature mesure et départit ses dons. Elle ne les prodigue pas tous à la fois, et de manière à nous accabler de leur abondance. Nos plaisirs sont successifs et variés; et elle les assaisonne encore, en leur donnant à tous le mérite de la nouveauté. Elle commence par la délicatesse des fruits rouges, et continue de mois en mois, ou plutôt de semaine en semaine, à nous en donner de nouveaux, de toutes les qualités et de toutes les couleurs. S'ils ne sont pas de garde, c'est qu'elle les remplacera bientôt par d'autres. Elle réserve pour la triste saison les productions d'une consistance ferme. Il est vrai qu'à mesure que nous approchons de l'hiver, le nombre des bons fruits diminue considérablement. Mais lorsque la terre, engourdie par le froid, ne produira plus, la serre donnera bientôt à certaines espèces la maturité qui leur avait été refusée sur l'arbre; et l'année deviendra ainsi un cercle perpétuel et de fleurs et de fruits.

Voulez-vous vous former une idée de l'abondance des fruits, et de la profusion avec laquelle ils nous sont distribués? Malgré la guerre que leur font une multitude d'oiseaux et d'insectes, il nous en reste toujours une incroyable quantité. Calculez, s'il est possible, les fruits que cent arbres portent dans les années fertiles.

Vous serez étonné du résultat, et vous admirerez une multiplication qui s'étend, pour ainsi dire, à l'infini. Et pourquoi cette prodigieuse abondance, s'il n'était question que de conserver les arbres et de les propager ? Il est donc évident qu'ils sont destinés à la nourriture des hommes, et particulièrement à celle des pauvres dans les campagnes. Il leur fournit par là un moyen de subsistance peu coûteux, et en même temps si agréable, qu'ils n'ont aucun sujet d'envier au riche ses mets recherchés et trop souvent nuisibles.

Il y a peu de nourriture plus saine que les fruits ; et c'est encore un bienfait de la nature de nous les avoir donnés dans une saison où ils sont pour nous non seulement si doux, mais si salutaires. C'est dans la saison chaude et sèche qu'elle nous offre quantité de fruits pleins d'un jus rafraîchissant, tels que les cerises, les pêches, les melons. A l'entrée de l'hiver, elle nous donne ceux qui nous échauffent par leurs huiles, tels que les amandes et les noix. On peut regarder les coques ligneuses de ces dernières comme des préservatifs, par rapport à leurs semences, contre le froid de la mauvaise saison, quoique la nature sache bien faire durer, pendant tout l'hiver, plusieurs espèces de pommes et de poires, qui n'ont d'autres enveloppes que des pellicules si minces, qu'on peut à peine en déterminer l'épaisseur.

Les pommes nous viennent fort à propos pendant les chaleurs de l'été, parce qu'elles tempèrent l'ardeur du sang, et qu'elles rafraîchissent l'estomac et les intestins. La douceur acide, le suc onctueux et émollient des prunes, peuvent les rendre utiles dans bien des circonstances. Elles purgent doucement, et corrigent cette âcreté de la bile et des autres humeurs qui occasionne si souvent des inflammations. S'il y a quelques fruits dont l'usage puisse devenir nuisible, comme on l'assure des pêches, des abricots et des melons, ce n'est guère que par le trop grand usage qu'on en pourrait faire. C'est peut-être aussi, en partie, parce qu'ils n'étaient pas destinés pour notre climat, ou du moins pour les personnes qui ne peuvent obvier par le vin et les aromates à leurs propriétés trop rafraîchissantes.

Avec quel soin la nature n'a-t-elle pas préservé de l'attaque des oiseaux certains fruits si utiles à l'homme ! La châtaigne, encore en lait, est couverte de cuir et d'une coque épineuse ; une dure coquille et un brou amer protègent la noix tendre. La plupart des fruits mous sont défendus, avant leur maturité, par leur âpreté, leur acidité ou leur verdeur. Ceux qui sont mûrs ne demandent qu'à être cueillis. Les abricots dorés, les pêches veloutées, et les coings cotonneux, exhalent alors les plus doux parfums. Les grappes vermeilles pendent à la vigne ; et, sur les larges feuilles du figuier, la figue entr'ouverte laisse couler son suc en gouttes de miel et de cristal. On voit bien que ces fruits sont des présents faits pour l'homme. Ils ne sont pas, comme

Rien de plus délicieux que les fruits.

les semences des arbres des forêts, à une hauteur où il ne puisse atteindre. La même bonté qui a placé à la portée de sa main le bouquet qui doit le parfumer, y a dû mettre aussi le fruit destiné à le nourrir. Nos arbres fruitiers sont faciles à escalader. Tous ceux qui donnent des fruits mous dans leur maturité, et qui auraient été exposés à se briser par leur chute, comme les figuiers, les pruniers, les pêchers, nous les présentent à peu de distance de terre; ceux, au contraire, qui produisent des fruits durs, et qui n'ont rien à risquer dans leur chute, les portent fort élevés, comme les noyers et les châtaigniers.

Enfin, quant au goût, rien de plus délicieux que les fruits. Chaque espèce a une saveur qui lui est particulière; s'ils avaient tous la même, ils perdraient beaucoup de leur prix; cette diversité en rend l'usage plus agréable et plus piquant. Leurs riantes couleurs flattent les yeux, leurs doux parfums l'odorat, et ils semblent formés pour la bouche par leur forme et leur rondeur.

A mesure que j'avance vers ces régions dont les habitants voient le soleil passer et repasser sur leur tête, je trouve de toutes parts des fruits, non seulement fondants, comme le melon, mais glacés, acides, et pleins d'une eau propre à humecter un sang trop raréfié, tels que les limons, les citrons, les oranges, les ananas. Si de la zone torride je reviens dans notre climat, j'y trouve la vigne, et je m'aperçois qu'elle en occupe les endroits où elle peut mûrir suffisamment pour fournir aux habitants de la zone tempérée et aux peuples septentrionaux, dont le sang est épaissi par le froid, une liqueur spiritueuse et propre à résister au poids d'un air trop engourdi.

Nous avons su naturaliser dans nos climats des fruits qui leur étaient étrangers, et les associer aux nôtres. Ici, l'abricotier, artistement palissé, présente à mes regards, outre ses feuilles d'un vert médiocrement foncé, des fruits pâles d'un côté, et d'un vermillon aussi vif que brillant de l'autre. Ailleurs, j'aperçois ces mêmes fruits en plein vent : le hâle et le soleil les ont brunis ; ils me paraissent panachés, et marqués de petites taches d'un rouge brunâtre. Non loin de là, les feuillages simples et d'un vert brun des pruniers précoces, placés entre les pêchers, servent à relever le vert tendre de ces derniers : ils offrent à mes yeux des fruits, ou rougeâtres, ou d'un jaune doré, ou d'un blanc pâle. Là, le cerisier, paré de ses fruits, étale ses rameaux souples, dont le feuillage, d'un vert brun et obscur, contraste avec le bel incarnat de ses fruits pendant négligemment au bout d'une queue allongée. Mais, en parlant des dons de nos vergers, pourrais-je me refuser à l'éloge particulier de celui qui, par la beauté de sa forme, l'éclat de sa couleur, la douceur de son goût, et sa salubrité, peut en être regardé comme le plus agréable et le plus beau ?

Les cerises, par leur douceur mêlée à une agréable acidité, étanchent notre soif, tempèrent l'agitation du

sang dans les ardeurs de l'été, et préviennent la putri-
dité à laquelle nos humeurs ne sont que trop disposées
dans cette saison. Leur jus acide contracte les glandes
salivaires, rafraîchit la langue altérée, humecte le palais
desséché, et nous désaltère par là d'une manière bien
préférable, pendant les chaleurs, à toutes ces boissons
auxquelles on a si fréquemment recours, et qui, en
augmentant la transpiration, ne font qu'échauffer
davantage.

VIII.

Un champ de blé.

Le règne végétal est, pour l'observateur attentif de
la nature, une école bien instructive de la profonde
intelligence et du pouvoir sans bornes de son auteur.
Quand notre vie se prolongerait au delà d'un siècle, et
que chacun de nos jours serait consacré à l'étude des
plantes, il resterait encore à la fin de notre carrière une
multitude de choses, ou que nous n'aurions pas aper-
çues, ou que nous n'aurions pas été en état d'observer
suffisamment. Réfléchissez sur la production des végétaux ; examinez leur structure intérieure et la conformation de leurs parties ; songez à cette simplicité et à
cette diversité qu'on y découvre, depuis le brin d'herbe

jusqu'au chêne le plus élevé; essayez de connaître la manière dont ils croissent, dont ils se propagent, dont ils se conservent, et les différentes utilités qu'ils ont pour l'homme et pour les animaux.

Considérez avec attention tous les changements que le grain subit en terre. Vous le semez dans un temps déterminé : c'est à cela que se bornent vos fonctions. Mais que fait ensuite la nature de ce grain que vous avez ainsi abandonné? Aussitôt que la terre lui a fourni l'humidité nécessaire, il se gonfle; la peau extérieure qui cachait la racine, la tige et les feuilles, se déchire; la racine perce, s'enfonce dans la terre et prépare la nourriture à la tige, qui fait effort pour s'élever. Celle-ci croît par degrés; elle développe ses feuilles, qui d'abord sont blanches, puis jaunes, et enfin colorées d'un beau vert; et quelque faible qu'elle paraisse, elle est cependant munie contre l'intempérie des saisons. Peu à peu elle s'élève et présente un épi dont la couleur récrée les regards de l'homme. Vous l'avez vu croître; et quoique vous ignoriez comment il croît, il vous annonce assez la fin à laquelle toute cette succession de choses est destinée. Que vous servirait-il d'en savoir davantage ?

Voyez encore comme ces épis chargés de grains diffèrent en hauteur de ceux qui sont maigres et légers;

ceux-ci s'élèvent et dominent sur tout le champ, tandis que les autres plient sous leur propre poids.

Tous les grains qui doivent être moissonnés ne sont pas également bons : combien d'ivraie et d'herbes inutiles mêlées avec le froment !

Voyez enfin avec quel empressement l'habitant des campagnes accourt pour recueillir les biens de la terre ; la faux tranche tout devant lui. Ainsi, la mort abat tout, les grands et les petits, l'homme juste et le scélérat.

IX.

Le pain.

C'est pour les hommes que, chaque année, les champs se parent de verdure et se couvrent d'épis, dont le fruit, sous leurs mains, se convertit en leur aliment le plus ordinaire. Au premier rang nous trouvons le pain, qui est en même temps le plus commun et le plus sain. Il est aussi nécessaire à la table du prince qu'au repas du berger; l'infirme, le convalescent, se sentent restaurés par son usage aussi bien que l'homme en santé. Sans doute, il est particulièrement destiné à la nourriture de l'homme, puisque la plante dont il provient peut se reproduire sous les climats les plus divers, et qu'il est difficile de trouver un pays où le blé ne puisse mûrir.

L'éloge qu'on fait du pain, dont jamais on ne sent
mieux le prix que lorsqu'il vient à nous manquer,
prouve assez qu'il est un des grands bienfaits de la
nature, et le premier des aliments. Le goût pour le
pain est celui que nous perdons le dernier, et son retour
est le signe le plus assuré de la convalescence. Il convient en tout temps, à tout âge, et à tous les tempéra-
ments; il corrige et fait digérer les autres nourritures;
il influe sur nos bonnes ou nos mauvaises digestions.
On peut le manger avec la viande et les autres mets
sans qu'il en change la saveur. Il est tellement analogue
à notre constitution, que, dès notre enfance, nous com·
mençons à montrer pour lui une espèce de prédilection,
et nous ne nous en lassons jamais. Les mets coûteux
et recherchés qu'invente la mollesse ou l'ostentation
cessent de flatter le palais par leur fréquent usage : on
finit par s'en dégoûter. Au contraire, le pain cause toujours un nouveau plaisir; et le vieillard, qui durant tant
d'années en fit son aliment, s'en nourrit encore avec
délices, quand pour lui tous les autres ont perdu leur
attrait.

Choisissez, parmi ce grand nombre de comestibles,
ceux que vous préférez aux autres : en est-il un plus
nourrissant, plus fortifiant ? L'odeur des aromates est
plus piquante; mais celle du pain, toute simple qu'elle
est, sert à nous convaincre qu'il contient des parties

essentiellement propres à réparer les pertes que nous faisons à chaque instant de notre propre substance.

Nos humeurs sont sujettes à se corrompre; il nous fallait donc une nourriture qui pût s'opposer à la corruption; et cette qualité se trouve dans le pain : comme il nous vient du règne végétal, il a moins de tendance à la putréfaction. Un autre avantage, c'est que, par les différents degrés de consistance qu'on sait lui donner, on peut le rendre propre aux besoins de chaque estomac, et le conserver plus ou moins long-temps.

Après le froment, le seigle, l'orge et le riz, qui sont, selon les lieux, la base de la nourriture des hommes, il n'est aucune plante plus digne de nos soins que la pomme de terre. Elle prospère dans les deux conti-nents : sa récolte ne manque presque jamais; elle ne craint ni la grêle, ni la coulure, ni les autres accidents qui anéantissent en un clin d'œil le produit de nos moissons. Elle est un moyen de parer aux malheurs de la famine; et, en cas de disette des grains, elle peut prendre la forme du pain et nous nourrir presque aussi commodément. Elle n'a pas même toujours besoin de l'appareil de la boulangerie pour devenir un comestible salutaire et efficace. Les pommes de terre, telles que la nature nous les donne, sont une sorte de pain tout fait : cuites dans l'eau ou sous la cendre, et assaisonnées

avec quelques grains de sel, elles peuvent, sans autre
apprêt, nourrir à peu de frais le pauvre pendant l'hi-

La faux tranche tout devant lui. (Page 79.)

ver. Cette plante précieuse a déjà contribué à rétablir
en Europe la population, à laquelle la découverte du
nouveau monde avait porté de si fortes atteintes.

X.

La vigne et le vin.

Les champs que nous venons de parcourir abou-
tissent à des collines, à des montagnes qu'on rencontre
partout et dont l'accès est difficile, mais dont l'utilité
est incontestable. Ce sont elles qui nous donnent des
vues réjouissantes, des amphithéâtres qui animent et
varient le paysage, et rendent nos demeures si gracieuses. La main qui a formé la terre en a diversifié la
surface avec un artifice admirable, qui attire la reconnaissance à mesure qu'il est mieux aperçu. Elle ne s'est
pas contentée de nous donner des terrains unis, de
toute nature et de toutes qualités, pour y faire croître
les différentes espèces de grains dont nous tirons notre
principale subsistance ; elle a élevé d'espace en espace
des montagnes et des collines, afin de ménager des
expositions favorables à la vigne et aux plantes qui ont
besoin d'une forte réflexion de la lumière pour mûrir

parfaitement leurs fruits. La nature inclina tous ces terrains pour y faire tomber directement le rayon qui serait oblique dans la plaine, et transformer ainsi pour nous en sources d'utilités et d'agréments les lieux les plus irréguliers en apparence.

Il ne faut que considérer les vignes pour sentir combien sont déraisonnables et mal fondées les plaintes que l'on fait quelquefois sur les inégalités de la terre. Jamais la vigne ne réussit bien sur un terrain uni; ce n'est pas même sur toutes sortes de coteaux qu'elle se plaît; elle aime de préférence ceux qui sont tournés au levant ou au midi. Les collines sont autant de grands espaliers que la nature nous invite à garnir, et où la vivacité de la réflexion se trouve unie à l'avantage du plein air. Les coteaux les plus arides, et ces terrains penchants où l'on ne peut mettre la charrue, ne laissent pas de se couvrir tous les ans de la plus belle verdure et de produire un fruit délicieux.

L'arbuste qui nous donne le vin n'a pas plus d'apparence que le terrain qui le nourrit. Qui eût cru qu'un vil bois, le plus informe de tous, le plus fragile, le plus inutile à tout usage, pût produire une liqueur aussi ravissante? Qui lui a donné des qualités si supérieures à la bassesse de son origine et à la sécheresse de sa terre natale? Qui l'a enrichi de ces sucs, de ces feux qui non seulement se conservent pendant plusieurs années, mais qui peuvent se développer et recevoir des degrés de force bien plus considérables, au moyen de la distillation, qui nous donne cet esprit subtil, diversifié en tant de manières par l'expérience et la curiosité?

Les vignobles ne réussissent pas également en tous lieux; pour qu'ils prospèrent, il faut qu'ils soient situés entre le 40° et le 50° de latitude, par conséquent vers les contrées tempérées du globe. L'Asie est proprement la patrie de la vigne : de là, sa culture s'est étendue en Europe. Les Phéniciens, qui parcoururent de bonne heure toutes les côtes de la Méditerranée, la portèrent dans la plupart des îles et sur le continent. Elle réussit merveilleusement dans les îles de l'Archipel, et fut dans la suite portée en Italie. Les vignes se multiplièrent sous cet heureux climat; et les Gaulois, qui en avaient goûté la liqueur, passèrent les Alpes et allèrent conquérir les deux rives du Pô. Peu à peu les vignes furent cultivées dans toute la France, et enfin sur les bords du Rhin, de la Moselle, du Necker, et dans d'autres provinces de l'Allemagne.

L'aridité des terrains propres à la culture des vignes peut donner lieu à des réflexions importantes. Souvent les pays les plus disgraciés de la nature sont favorables aux sciences. On a vu s'élever, dans des provinces que leur pauvreté faisait mépriser universellement, des

génies dont les lumières ont éclairé l'univers. Point de
contrée si déserte, de ville si petite, où certaines

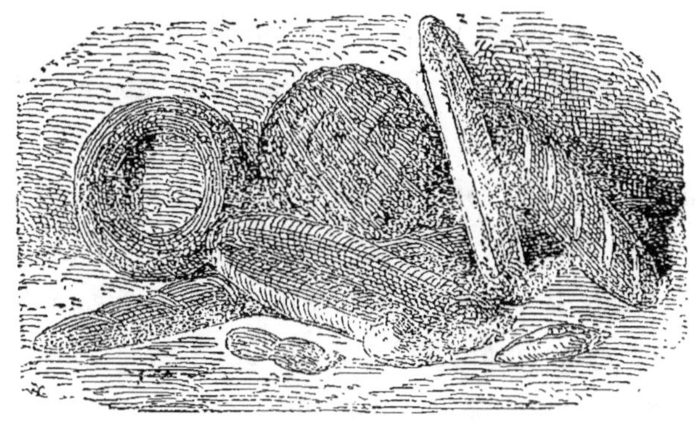

Diverses sortes de pain. (Page 82.)

branches de science ne puissent être cultivées avec

Pomme de terre. (Page 83.)

succès : il ne s'agit que de les y encourager. Il en est
de même de ces tristes lieux, de ces campagnes, de ces

villes d'où la religion, la vertu, les mœurs sont bannies.
Chefs des nations, pasteurs, instituteurs, il ne tient
souvent qu'à vous de les y faire refleurir, de faire porter
à ces terres ingrates des fruits précieux et abondants,
du moins par rapport aux générations futures.

La vigne, avec son bois sec et informe, me rappelle
aussi ces personnes qui, toutes destituées qu'elles sont
de l'éclat de la naissance et des dignités, font compter
leurs jours par autant de bienfaits. Combien d'hommes
obscurs, et dont l'extérieur ne promet rien, exécutent
des entreprises qui les élèvent au-dessus de tous les
grands de la terre ?

Non contente de nous donner en abondance le pain et
les autres aliments qui nous sont nécessaires, la nature
a daigné pourvoir aussi à nos plaisirs ; et, pour nous
rendre la vie gracieuse et affermir notre santé, elle a
créé la vigne.

Comme les fruits, les vins sont variés à l'infini, par
la couleur, par l'odeur, par le goût, par la qualité,
par la durée. On peut dire qu'il y en a presque d'autant
de sortes qu'il y a de terroirs : chaque pays produit les
vins les plus analogues au climat, au naturel et au
genre de vie de ses habitants.

Mais comment les hommes se conduisent-ils à l'égard
du vin ? Je ne parle pas de ces législateurs qui en ont
interdit l'usage, non par des considérations tirées de

la santé ou des mœurs, mais pour de fausses raisons
d'économie, ou même par fanatisme. Je parle d'abord
de la falsification des vins, dans l'intention de remédier
à leur aigreur pour en faciliter le débit, surtout de celle
qui se fait avec les chaux de plomb ou d'autres ingré-
dents nuisibles. C'est ici que le cœur humain se
découvre dans toute sa perversité. Quoi de plus horrible ! Un pauvre, un malade cherche à se récréer
dans sa misère ; il emploie une partie d'un gain chétif
à se procurer un peu de vin pour se restaurer, pour
adoucir ses peines, et une avarice barbare aggrave
ses maux ; elle le rend plus misérable encore, en lui
présentant une coupe empoisonnée, où, au lieu de la
vie et des forces qu'il cherchait, il ne trouve que la
mort !

Un abus bien honteux et bien déplorable encore,
c'est que les hommes s'empoisonnent eux-mêmes, et
de leur plein gré, par les excès qu'ils font dans l'usage
du vin. Cette liqueur est un remède salutaire ; elle
soutient la vie ; les esprits qu'elle contient réchauffent
et animent nos humeurs, rétablissent et renouvellent
nos forces. Mais l'usage du vin devient pernicieux,
quand on s'y livre avec excès ; il se change alors en
un poison d'autant plus dangereux, qu'il est plus
agréable.

XI.

Les bois et les forêts.

Les bois forment un des plus beaux tableaux que la
surface de la terre présente à nos yeux. Il est vrai qu'à
la première vue, ce sont des beautés sauvages : on
n'aperçoit d'abord qu'un amas confus d'arbres, qu'une
vaste solitude. Mais l'observateur éclairé, qui appelle
beau non seulement ce qui a des caractères de grandeur, d'ordre, de symétrie, mais ce qui est vraiment
bon et utile, y trouve mille choses dignes de son
attention. Parcourons donc ces belles forêts : elles nous
fourniront bien des sujets d'admiration et de récon-
naissance. Même après nos promenades dans les champs
et les prairies, elles nous intéresseront vivement et
nous feront goûter de vrais plaisirs.

Intérieur d'une forêt.

Avec l'agréable fraîcheur qu'on éprouve en entrant dans les bois, on ressent encore je ne sais quelle émotion qui plait. La lumière du jour, affaiblie par l'épaisseur du feuillage, la beauté et la hauteur des arbres, le silence profond qui règne dans ces sombres retraites, toutes ces choses réunies ont un air de nouveauté et de grandeur qui frappe. Elles nous portent au recueillement et nous invitent à méditer.

D'abord, la multitude et la diversité des arbres attirent nos regards. Ce qui les distingue les uns des autres, c'est moins leur hauteur que la différence que l'on observe dans leur manière de croître, dans leur feuillage et dans leur bois. Le pin résineux n'est pas recommandable par la beauté de ses feuilles; elles sont étroites et pointues; mais elles se conservent longtemps, de même que celles du sapin; et leur verdure offre encore, durant l'hiver, quelque image de la belle saison. Le feuillage du tilleul, du frêne, du hêtre, a des attraits bien autrement touchants : le vert en est admirable; il récrée la vue, il la fortifie; et les feuilles larges et dentelées de quelques-uns de ces arbres font un aimable contraste avec les feuilles plus étroites et plus fibreuses des autres.

La nature a distribué les forêts sur la terre avec plus ou moins d'économie ou de magnificence. Dans quelques pays, on n'en voit que de loin en loin; dans d'autres, elles s'élèvent majestueusement dans les airs, en occupant d'immenses terrains. La disette du bois dans certaines contrées est compensée ailleurs par son abondance et l'usage continuel qu'en font les hommes, qui le prodiguent si souvent; les incendies et les hivers rigoureux n'ont pu encore épuiser ces riches dons de la nature. Un intervalle de vingt années nous montre une forêt aux lieux où notre enfance ne nous avait offert que d'humbles taillis et quelques arbres épars.

Si nous eussions assisté à l'ouvrage de la création, peut-être aurions-nous trouvé à redire à la production des forêts; peut-être leur aurions-nous préféré ou de riants vergers, ou des champs fertiles. Mais tout a été prévu dans les divers besoins des créatures, selon les temps et les lieux où elles se trouvent. C'est dans les contrées où le froid est le plus rigoureux, et où le bois est le plus nécessaire à l'homme pour la navigation, que se trouvent le plus de forêts. De leur inégale distribution, je comprends qu'il résulte une branche considérable de commerce, de nouvelles liaisons entre les peuples. Je participe moi-même aux nombreux avantages que les bois procurent aux hommes.

Ce n'est point l'homme qui a été chargé de planter et d'entretenir les forêts. Presque tous les autres biens doivent être acquis par le travail : il faut labourer, ensemencer les terres, et les moissons coûtent au laboureur beaucoup de sueurs et de peines. La nature s'est réservé les arbres des forêts; c'est elle qui les plante, qui les conserve; ils croissent et se multiplient indépendamment de nos soins; ils réparent continuellement leurs pertes par de nouveaux rejetons; et ils suffisent toujours à nos besoins. Il est très remarquable que les plantes épineuses sont les premières qui paraissent dans les terres en friche ou dans les forêts abattues. Elles sont très propres, en effet, à favoriser des végétations étrangères à ces plantes, parce que leurs feuilles profondément découpées, comme celles des chardons et des vipérines, ou leurs sarments courbés en arc, comme ceux de la ronce, ou leurs branches horizontales et entrelacées, comme celles de l'épine noire, ou leurs rameaux hérissés d'épines et dégarnis de feuilles, comme ceux du jonc marin, laissent autour d'elles beaucoup d'intervalles, à travers lesquels les autres végétaux peuvent s'élever et être protégés contre la dent de la plupart des quadrupèdes. Les pépinières des arbres se trouvent au sein de ces plantes. Rien n'est si commun dans les taillis que de voir un jeune chêne sortir d'une touffe de ronces qui tapisse la terre, autour de lui, de ses grappes de fleurs épineuses, ou un jeune pin s'élever du milieu d'une autre touffe jaune de joncs marins. Quand ces arbres ont pris une fois de l'accroissement, ils font périr par leur ombrage les plantes épineuses qui ne subsistent plus que sur la lisière des bois, où elles ont un air suffisant pour végéter ; mais, dans cette situation, ce sont elles encore qui étendent ces bois d'année en année dans les campagnes. Ainsi, les plantes épineuses sont les premiers berceaux des forêts; et les fléaux de l'agriculture de l'homme sont les boucliers de celle de la nature.

Jetez les yeux sur la semence du tilleul, de l'érable et de l'orme. De ces graines si petites sortent ces vastes corps qui portent leurs cimes dans les nues. La nature seule les affermit et les maintient, dans la durée des siècles, contre l'effort des vents et des tempêtes. C'est elle qui leur envoie les rosées et les pluies capables de leur rendre chaque année une verdure nouvelle et d'y entretenir une espèce d'immortalité. La terre qui porte les forêts ne les forme point : ce n'est pas même elle, à proprement parler, qui les nourrit. La verdure, les fleurs et les fruits dont les arbres se couvrent et se dépouillent alternativement ; la sève, dont il se fait une dissipation continuelle, épuiseraient la terre à la longue, si elle en fournissait la matière. D'elle-même, c'est une masse lourde, sèche, stérile, qui tire d'ailleurs les sucs et la nourriture qu'elle distribue aux plantes. L'air et l'eau, sans notre secours, procurent en abondance les sels, les huiles, et toutes les matières dont ces plantes ont besoin.

Une forêt de l'Afrique occidentale.

A voir la profusion continuelle que nous faisons du bois, on dirait que chaque jour il en est créé de nouvelles provisions. Il est vrai que l'homme fait de cette matière les usages les plus variés. Le bois se prête à tous les services qu'il nous plaît d'en exiger. Assez tendre pour revêtir toutes les formes, et assez dur pour conserver celles qu'on lui a données, il se laisse aisément scier, courber, polir, et nous nous procurons, par son moyen, beaucoup de choses utiles, commodes et agréables.

Le chêne, dont les accroissements sont fort lents, et qui ne se couvre de feuilles que quand les autres arbres en sont déjà ornés, fournit le bois le plus dur de nos climats, et l'art sait l'employer à une multitude d'ouvrages de charpente, de menuiserie et de sculpture, qui semblent braver le pouvoir du temps. Le bois plus léger sert à d'autres usages; et comme il est plus abondant, et qu'il croît plus vite, il est aussi d'une utilité plus générale. C'est aux productions des forêts que nous devons nos maisons, nos vaisseaux, et tant d'instruments et de meubles dont nous nous passerions si difficilement. En un mot, l'industrie des hommes polit le bois, l'arrondit, le taille, le tourne, le sculpte, et en fait une multitude d'ouvrages aussi élégants que solides.

Il est un grand nombre de besoins indispensables

auxquels nous aurions peine à pourvoir, si le bois
n'avait l'épaisseur et la solidité convenables. La nature,
il est vrai, nous fournit une grande quantité de corps
lourds et compacts : les pierres, les marbres, se
prêtent à différents usages. Mais il est si pénible de les
tirer de leurs carrières, de les transporter, de les tra-
vailler ; et ils occasionnent de si fortes dépenses ! Nous
pouvons, au contraire, à peu de frais, et sans de grands
travaux, nous procurer les plus grands arbres. En
enfonçant dans la terre des pieux d'une longueur pro-
portionnée, on assure un fondement solide à des
édifices qui, sans cette précaution, s'écrouleraient dans
la fange ou dans un sable mouvant; les pilotis forment
dans la terre ou dans l'eau une forêt d'arbres immo-
biles et quelquefois incorruptibles, qui supportent les
masses les plus énormes. D'autres pièces soutiennent
la maçonnerie, ainsi que le poids des tuiles et du plomb
qui composent le toit des bâtiments.

Le bois contient encore le principal aliment du feu,
sans lequel l'homme ne pourrait ni apprêter la nourriture la plus commune, ni fabriquer la plupart des
objets de première nécessité, ni même conserver ses
jours. Le soleil est l'âme de la nature; mais il ne nous
est pas libre de dérober une partie de ses rayons pour
donner à nos aliments les préparations qu'ils exigent,
ou pour fondre communément les métaux. Le bois

enflammé supplée, en certains cas, l'astre du jour lui-
même, et le degré plus ou moins fort de chaleur
dépend de notre choix. Sans cette chaleur bienfaisante
que le bois nous procure, les longues nuits d'hiver, les
froids brouillards et les vents rigoureux glaceraient
notre sang.

Cependant, comment envisage-t-on d'ordinaire les
diverses utilités qui nous reviennent du bois? Combien
peu réfléchissent sur les avantages nombreux dont il
est la source ! Hélas ! pour être trop communs, trop
journaliers, ils perdent de leur prix pour la plupart
des hommes ! Il est plus aisé, je l'avoue, d'acquérir le
bois que l'or et les diamants. Mais cesse-t-il, pour cela,
d'être un insigne bienfait de la nature? ou plutôt,
l'abondance du bois, et la facilité avec laquelle on parvient à en faire l'acquisition, n'est-elle pas une raison
de plus pour louer la sagesse qui proportionne si exactement ses dons à nos besoins?

C'est, sans doute, pendant la rigueur des hivers que
nous éprouvons bien sensiblement la grande utilité des
forêts ; elles nous fournissent, dans cette dure saison ,
une ample provision de bois, sans laquelle nous ne
pourrions nous dérober aux atteintes du froid. Mais
gardons-nous de penser que ce soit là leur unique ou
même leur principal usage. Si c'était là leur seul but,
pourquoi verrions-nous s'élever ces forêts immenses

qui offrent une chaîne non interrompue à travers des provinces et des royaumes entiers, qui se renouvellent sans interruption, et dont cependant la moindre partie est employée aux besoins immédiats de l'homme? Nous parcourons encore aujourd'hui les bois où les druides, il y a plus de vingt siècles, cueillaient en cérémonie le gui de chêne. Nous retrouvons encore les Ardennes, qui, longtemps avant Jules César, occupaient une grande partie de la Gaule Belgique. La forêt Noire et celle de Bohême sont les restes de la forêt Hercienne qui couvrait autrefois la Germanie entière et s'étendait jusqu'en Transylvanie. Il est manifeste que la nature, en formant ces vastes forêts, s'est encore proposée de procurer aux hommes d'autres avantages que ceux qui jusqu'ici ont excité notre reconnaissance.

Le plaisir que nous cause la vue des bois ne serait-il pas une des fins pour lesquelles ils ont été créés? Ils sont une des grandes beautés d'un site, et c'est toujours un défaut dans un pays d'en être dépourvu. Notre impatience lorsqu'au printemps les feuilles tardent à paraître, et la joie que nous éprouvons lorsqu'enfin elles se montrent, nous font sentir combien elles parent et embellissent notre séjour. L'aspect de la terre serait uniforme et triste sans cette diversité charmante de campagnes et de bois, de forêts et de plaines.

Les forêts, dont les productions nous sont si utiles

en hiver, ne nous offrent pas des avantages moins
sensibles dans les ardeurs brûlantes de l'été, en pro-
curant à l'homme et aux animaux une fraîcheur aussi
salutaire que délicieuse. Voyez le chêne superbe balancer
au haut dés airs sa cime touffue : il répand sur la
plaine, dans un vaste contour, la fraîcheur et l'ombrage.
Les troupeaux, brûlés des feux du jour, se rassemblent
et s'arrêtent sous son abri impénétrable ; longtemps il
bravera les vents et les orages.

Mais, en réfléchissant sur l'utilité des bois, pour-
rions-nous oublier les fruits que nous donnent les
nombreuses familles des arbres ? Il est vrai qu'il s'en
trouve dont les fruits paraissent n'être pour nous d'aucun usage, au moins direct ; mais c'est que nous
négligeons d'étendre notre vue. Les fruits de ces arbres
qu'on appelle stériles nourrissent une infinité d'insectes
qui servent de pâture à des oiseaux destinés eux-mêmes
à nous fournir des mets exquis : les baies d'une multitude d'arbres et de buissons plaisent à la plupart des
petits oiseaux ; les faînes du hêtre, desquelles nous
avons su extraire une huile dont on commence à sentir
le prix, le gland des chênes, et bien d'autres graines,
sont l'aliment favori des porcs et des sangliers. Ces
fruits, d'ailleurs, sont destinés à conserver les graines
qui perpétuent les forêts.

A combien d'animaux les bois n'ont-ils pas été assignés pour demeure ! Ils périraient si les forêts n'existaient pas. C'est là qu'a été préparée leur retraite; c'est là qu'ils trouvent une nourriture abondante. Les forêts déterminent les eaux des pluies, qu'elles attirent; leur feuillage s'acquitte d'une fonction bien importante encore, en contribuant à la salubrité de l'atmosphère.

Ces arbres que nous appelons stériles sont peut-être plus utiles pour nous, par leur taille avantageuse, que les arbres fruitiers eux-mêmes. Et c'est ce qui doit d'autant plus alarmer sur l'abus qu'on en fait et qui en accélère la destruction. Dans la haute antiquité, les forêts couvraient presque toute la surface des grands continents. A mesure que les nations, venues de l'Orient, s'avancèrent dans le Nord et vers l'Occident, elles furent obligées de défricher les terrains qu'elles voulaient habiter. Plus l'Allemagne et la France se peuplèrent, plus on y diminua de l'étendue des forêts. Elles étaient cependant encore si vastes au xII^e siècle, que les seigneurs en abandonnaient communément de très grandes parties aux religieux qui leur demandaient une retraite. Peu à peu, ces laborieux solitaires transformèrent en terres fertiles des lieux où jamais le bûcheron n'avait porté la hache. Les seigneurs et les communautés qui avaient beaucoup plus de bois qu'il ne leur était nécessaire en convertirent la meilleure partie en terres labourables. Le nombre des habitants s'accrut en proportion des défrichements et de l'augmentation des produits.

Mais on peut excéder dans les meilleures choses ; et peut-être sommes-nous arrivés au temps où, faisant le contraire de ce qu'on faisait autrefois, il faudrait mettre en bois les terres inutiles. Chaque année, le bon père de famille devrait consacrer une portion de son revenu à semer des bois, à planter des arbres. Insensiblement, ses coteaux se trouveraient couverts d'une agréable verdure.

XII.

Plantes d'hiver.

La terre, dans la dure saison, peut être comparée à
une mère à qui l'on vient d'arracher ceux de ses enfants qui donnaient les plus belles espérances. Elle se
voit solitaire, dépourvue des charmes qui variaient et
embellissaient sa surface. Cependant, elle n'est pas
privée de tous ses ornements ; c'est même un préjugé
de croire que l'hiver soit, en général, nuisible aux
plantes. Au contraire, il est incontestable que les variations du chaud et du froid contribuent à leur accroissement et à leur propagation. Dans les climats les plus
chauds il y a des déserts immenses, qui seraient bien
plus stériles encore, si le froid n'y succédait quelquefois
aux brûlantes chaleurs. L'hiver, loin d'être préjudi-

ciable à la fertilité de la terre, la favorise et l'augmente. Les pays les plus froids ont, nonobstant leurs neiges et leurs glaces, des plantes qui réussissent très bien ; et çà et là, pendant l'hiver, on voit sous nos climats des végétaux qui semblent braver ses rigueurs. En effet, sans cette continuelle activité, comment les forêts pourraient-elles nous fournir une si grande abondance et de bois et de fruits ? Les sapins, les pins, les genévriers, les cèdres, le mélèze, croissent en cette saison comme dans les autres ; l'épine blanche sauvage montre ses baies purpurines ; le laurier-thym déploie ses fleurs disposées en ombelles et couronnées d'un feuillage qui ne se flétrit point ; l'if s'élève toujours en pyramide, et, ses feuilles ont conservé leur verdure : le faible lierre serpente encore autour des murailles, et demeure inébranlable aux coups de la tempête ; les verts rameaux du laurier n'ont rien perdu de la parure des beaux jours ; l'humble buis montre, au milieu de la neige, ses branches toujours vertes. La joubarbe, le poivre des murailles, la sauge, la marjolaine, le thym, la lavande, conservent aussi leur verdure. Certaines fleurs croissent même sous la neige. La simple anémone, l'hellébore hâtif, la primevère, les hyacinthes et les narcisses d'hiver, les perce-neige, et toutes sortes de mousses, verdissent pendant le froid.

Les amateurs de fleurs assurent que les plantes des

zones froides, mises dans des serres, ne peuvent supporter une chaleur qui passe trente-huit degrés, au lieu qu'elles soutiennent bien le froid, puisqu'en Suède elles croissent pendant l'hiver, de même que la plupart des plantes de la France, de l'Allemagne, de la Russie, et des parties septentrionales de la Chine. Les végétaux des climats extrêmement froids, non plus que ceux qui croissent sur de hautes montagnes, ne peuvent résister à la chaleur. Des monts sourcilleux dont les sommets sont couverts de neige pendant toute l'année ne laissent pas de produire des plantes qui leur sont propres. Sur les rochers de la Laponie, croissent plusieurs végétaux que l'on retrouve sur les Alpes et les Pyrénées, sur le mont Olympe en Thessalie, sur les montagnes du Spitzberg ; et on ne les voit point ailleurs. Lorsqu'on les transplante dans les jardins, ils s'élèvent assez haut ; mais ils portent peu de fruits. La plupart des plantes qui croissent le mieux dans les pays septentrionaux ne sauraient se passer de neige.

L'Aurore.

XIII.

Vie des champs.

La seule description des beautés champêtres a des charmes pour l'homme, la culture des champs et des jardins en a bien de plus grands encore ; c'est une occupation innocente, et peut-être l'unique dont les peines soient compensées par mille plaisirs.

La plupart des travaux obligent l'homme à se renfermer. Mais celui qui se consacre à la culture des champs se trouve en plein air et respire librement sur le magnifique théâtre de la nature. Le ciel azuré est son dais ; la terre tapissée de fleurs est son plancher ; l'air qui circule autour de lui n'est point corrompu par les exhalaisons empoisonnées des villes : une foule d'objets agréables s'offrent à ses yeux, et, s'il a quelque goût pour les beautés de la nature, les plaisirs réels et purs ne sauraient lui manquer. Au matin, dès que la lumière du jour ouvre le brillant spectacle de la création, il se hâte d'en aller jouir dans les jardins ou dans les champs. L'aurore lui annonce la prochaine arrivée du soleil ; l'herbe fraîche se redresse et ses pointes sont toutes brillantes de gouttes de rosée, qui paraissent autant de diamants, d'émeraudes ou de saphirs. Les parfums délicieux qu'exhalent les plantes et les fleurs viennent de toutes parts l'embaumer et le récréer ; autour de lui se fait entendre le ramage des oiseaux qui expriment leur joie et leur félicité.

Et quelles nuits délicieuses succèdent à ces beaux jours ! Voyez l'astre qui y préside, au milieu du firmament, et entouré d'un rideau de nuages que ses rayons dissipent par degrés. Sa lumière se répand insensiblement sur les montagnes, qui brillent d'un vert argenté. Les vents ont retenu leur haleine ; on entend dans les bois, au fond des vallées, de petits cris, de doux murmures d'oiseaux qui s'agitent dans leurs nids, réjouis par une faible clarté et par le calme qui règne dans toute la nature. Les étoiles étincellent et se réfléchissent du sein des ondes, qui répètent leurs images tremblantes.

Ce qui contribue encore à répandre tant de charmes

sur le séjour de la campagne, sur l'agriculture et sur le jardinage, c'est qu'il s'y trouve une infinie diversité d'objets et de travaux qui attachent l'homme en lui offrant sans cesse des choses nouvelles, et qui préviennent ainsi les dégoûts inséparables de l'uniformité. Quelle variété de plantes, d'arbres et de fruits, le cultivateur n'appelle-t-il pas du sein de la terre ! La nature se plait à le promener par les routes les plus diversifiées. Tantôt ce sont des plantes qui ne font que de naître ; tantôt il en voit qui s'élèvent et se développent ; d'autres encore se montrent en pleine fleur. De quelque côté qu'il tourne les yeux, il découvre des objets nouveaux et intéressants. Le ciel, au-dessus de sa tête, la terre, sous ses pieds, renferment pour lui des trésors inépuisables de plaisirs et d'agréments.

XIV.

Les animaux-plantes.

Otez les animaux de dessus la terre, et les plantes
n'ont plus de destination. Tout se tient dans le plan de
la création : tous les êtres sont en rapport d'utilité les
uns avec les autres.

De toutes les modifications dont la matière est susceptible, la plus noble, sans doute, est l'organisation.
C'est là que la souveraine intelligence se peint à nos
yeux par les traits les plus frappants. Le corps d'un
animal est un système particulier, plus ou moins composé, qui, comme le grand système de l'univers, résulte
de la combinaison et de l'enchaînement d'une multitude
de pièces, dont chacune produit son effet propre, et
qui toutes conspirent à produire cet effet général que

nous nommons la vie. On ne suffit point à considérer et admirer cet étonnant appareil de ressorts, de leviers, de contre-poids, de tuyaux différents, qui entrent dans la construction des machines organiques. L'intérieur de l'insecte le plus vil en apparence absorbe toutes les conceptions du plus profond anatomiste : il se perd dans ce dédale, dès qu'il entreprend d'en parcourir tous les détours.

Combien les machines animales sont-elles supérieures à toutes celles de l'art ! Les unes et les autres s'usent par le mouvement ; elles souffrent des déperditions journalières ; mais telle est l'économie des premières, que chacune des pièces qui les constituent répare sans interruption les pertes que ce mouvement lui occasionne ; elle s'étend même en tous sens, par l'incorporation des molécules étrangères que lui fournissent les aliments, sans cesser d'être essentiellement en grand ce qu'elle était auparavant très en petit. Quelles merveilles ne recèle donc pas le secret de la nutrition et du développement ! Quel intéressant spectacle ne nous offrirait pas cet ineffable assemblage de tant de milliards d'organes plus ou moins diversifiés, si nos sens et nos instruments étaient assez parfaits pour nous dévoiler en entier le mécanisme et le jeu de chacun de ces moyens, et les rapports qui les enchaînent tous à une fin commune !

L'animal est un être organisé, doué d'un principe de vie, de sensations et de mouvement, qui, par l'attrait du plaisir et le sentiment du besoin, est sollicité à se procurer ce qui convient à sa conservation et et à sa propagation.

L'animal ressemble au végétal par l'organisation, l'accroissement, le dépérissement et la mort. Dans l'un comme dans l'autre, un artifice admirable de fibres et de canaux fournit et prépare les substances nourricières qui doivent opérer le développement et l'entretien de la machine. Mais le premier diffère essentiellement du second par le sentiment, qu'il possède d'une manière exclusive.

La principale division du règne animal est celle qui le classe en deux espèces essentiellement distinctes : l'une raisonnable, l'autre irraisonnable. La première a en partage et le sentiment qui l'affecte, et la raison qui l'éclaire sur le bien et le mal moral; la seconde n'a reçu qu'une faible portion d'intelligence avec le sentiment du plaisir ou du besoin, du bien et du mal physique.

Tout, dans la nature visible, est peuplé d'êtres vivants et animés. Quelle innombrable foule d'espèces, quelle étonnante multiplicité d'individus nous présentent les airs, les champs, les prairies, les forêts, les rivières, les mers, les entrailles mêmes de la terre !

Que d'espèces d'animaux qui contiennent encore une quantité prodigieuse d'espèces subalternes ! Depuis l'invention des microscopes, un nouveau monde d'êtres vivants et animés est venu frapper nos regards ; une seule goutte d'eau, à peine sensible à l'œil, en offre un nombre considérable, qu'à l'aide d'une forte lentille on distingue les uns des autres.

Tandis que les naturalistes pensaient avoir bien caractérisé ce qui appartient au règne animal, et l'avoir exactement distingué du règne végétal, les eaux nous ont offert une production organique qui réunit aux principales propriétés de celui-ci divers traits qui ne paraissent convenir qu'au premier. Des animaux qui, comme les plantes, se multiplient de bouture, par rejetons, et qu'on greffe comme elles, paraissent de vrais animaux-plantes. Au fond, ce ne sont que de purs animaux, mais qui ont plus de rapport avec les plantes que n'en ont les animaux généralement connus ; et c'est cette sorte de rapport que le mot zoophytes doit réveiller dans l'esprit.

Dans cette classe de substances singulières, parmi lesquelles figure principalement le polype d'eau douce, nous ne comprenons point celles auxquelles on donne aujourd'hui le nom de polypiers, telles que les coraux, les éponges, qu'on avait prises autrefois pour des plantes. Elles sont l'ouvrage de différentes espèces de petits insectes, qui vivent en république au sein des mers, et qui s'y forment une infinité de cellules contiguës, dont l'ensemble, au premier aspect, offre l'image d'une substance végétale. Le polype d'eau douce est un être d'une nature toute différente. Son histoire réunit des phénomènes difficiles à croire, parce qu'ils sont contraires à des lois regardées comme générales. Aurait-on jamais cru qu'il y eût, dans la nature, des animaux qu'on multipliait en les hachant pour ainsi dire en morceaux? que le même animal, coupé en huit, dix, vingt, trente ou quarante parties, fût multiplié autant de fois? Les polypes ont aussi la faculté d'être multipliés par bouture. Ces animaux marchent et changent de lieu, mais avec une extrême lenteur.

Tout le polype, depuis la bouche jusqu'à l'extrémité opposée du corps, n'est qu'un sac creux, dans lequel on n'observe aucune membrane, aucun viscère. Cette peau est ce qui constitue l'animal; et il y a lieu de penser que, dans son épaisseur, sont contenues toutes les autres parties qui servent au jeu de la machine.

Les polypes s'attachent fortement, par la queue et avec leur glu, contre les parois des substances sur lesquelles ils s'arrêtent. Quelquefois ils se soutiennent à la superficie de l'eau, la tête en bas. On ne leur découvre point d'yeux; on observe cependant qu'*ils* aiment la lumière et qu'ils la recherchent. Ils ne courent point après leur proie ; mais les petits insectes viennent tomber au milieu de leurs bras, qui sont comme des filets continuellement tendus. On a vu deux polypes se disputer un ver qui s'était embarrassé dans

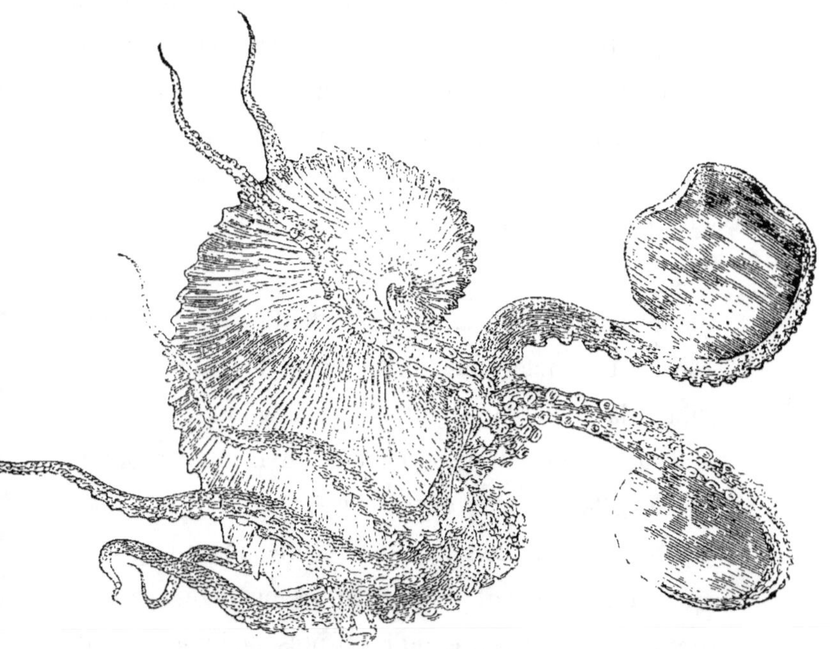

Animaux-plantes (argonaute.)

ces lacs : chacun se pressait de l'attirer, lorsqu'enfin se rencontrant bouche à bouche, le plus vigoureux termina la querelle, en avalant son concurrent, qu'il garda jusqu'à ce qu'il eût dégorgé sa proie ; après quoi il le rejeta sain et sauf.

La génération des polypes à bras est infiniment curieuse. On remarque à l'extérieur une légère excroissance, qui prend la forme d'un bouton : c'est la tête du polype. Autour de la bouche, commencent à croître les bras. On voit quelquefois sortir d'un seul de ces animaux jusqu'à dix-huit petits. Mais pendant que le polype mère pousse un rejeton, celui-ci en pousse de plus petits ; ces derniers d'autres encore ; tous tiennent à la mère comme à leur tronc principal, et les uns aux autres comme branches ou comme rameaux ; et, dans cet arbre en miniature, bientôt la nourriture que prend un rameau passe également à tout ce qui compose cet assemblage singulier. La mère et les petits semblent ne faire qu'un tout, et former une espèce de société animale, dont chaque membre participe à la même vie et aux mêmes besoins.

Tout ici nous transporte dans un monde inconnu ; et par cette découverte, nos idées se sont fort étendues. Les animaux-plantes fournissent une nouvelle preuve que la nature sait distinguer ses ouvrages par des limites très étroites, et qu'il est presque impossible de déterminer le point où le règne animal finit, et où le règne végétal commence. On croit communément que la différence entre les plantes et les animaux consiste en ce que les premières n'ont ni la sensibilité ni le mouvement accordés aux seconds. Tel est le caractère distinctif des deux règnes. Mais que la nuance est faible ! Que la ligne qui les sépare est imperceptible !

XV.

Les insectes.

Le caractère essentiel qui distingue les insectes de
tous les animaux, c'est qu'à proprement parler, ils
n'ont point d'os; ce qui démontre déjà une grande
sagesse dans cette partie de leur conformation. Les
mouvements qui sont propres à tous les insectes, la
manière dont ils sont obligés de chercher leur nourriture, et surtout les diverses métamorphoses qu'ils
subissent, ne pourraient pas s'exécuter avec tant de
facilité, si leur corps était lié et affermi par des os.

Il semble que l'auteur de la nature se soit complu
dans la parure de ces animaux qui nous paraissent si
méprisables. Elle a prodigué dans leurs robes, sur leurs

ailes et dans leurs ornements de tête, l'azur, le vert, le rouge, l'argent et l'or, les diamants même, les franges, les aigrettes et les panaches.

La même sagesse qui s'est jouée dans leurs divers ajustements, les a armés de pied en cap et les a mis en état de faire la guerre, d'attaquer et de se défendre. Ils ont la plupart de fortes dents, ou une double scie, ou un aiguillon et deux dards, et une vigoureuse pince; une cuirasse d'écaille les couvre et leur garantit tout le corps. Presque tous trouvent leur salut dans l'agilité de la fuite, et se dérobent au danger; ceux-là, par le secours de leurs ailes; ceux-ci, à l'aide d'un fil sur lequel ils se soutiennent, en se jetant brusquement à bas des feuillages où ils vivent; d'autres, par le ressort de leurs pieds, dont la détente les élance à une assez grande distance et les met hors d'insulte.

On est surpris de voir la nature si occupée de la parure et de l'équipage de guerre des insectes; mais l'étonnement ne fait qu'augmenter, quand on examine l'artifice des organes qu'elle leur a donnés pour vivre, et des outils avec lesquels ils travaillent. Les uns savent filer et ont deux quenouilles et des doigts pour façonner leur fil. D'autres ourdissent des toiles et des filets et sont pourvus en conséquence de pelotons et de navettes. Ceux-ci construisent en bois et ont reçu deux serpes pour faire leurs abattis. Ceux-là travaillent en cire.

La plupart ont une trompe, qui sert aux uns d'alambic
pour distiller une liqueur que l'homme n'a jamais pu
imiter, à quelques autres de vrille pour percer, et
presque à tous de chalumeau pour sucer. Plusieurs

Le ver à soie.

portent à l'extrémité de leur corps une tarière par le
secours de laquelle ils creusent des demeures commodes
à leurs familles, dans l'intérieur des fruits, sous l'écorce
des arbres, dans l'épaisseur des feuilles et des boutons,
souvent dans le bois le plus dur, et même dans le corps
d'autres animaux.

Ici, rien n'est l'effet du hasard : les mouvements des petits animaux, qui nous paraissent capricieux et fortuits, tendent aussi réellement à un but que ceux des plus grands. La prudence que nous admirons dans le renard pour s'assurer une tanière, l'industrie que nous remarquons dans l'oiseau pour se fabriquer un nid, nous les retrouvons dans le moucheron, pour loger avantageusement sa petite postérité. Nul insecte n'abandonne ses œufs au hasard : les mères ne se méprennent jamais ; et si le petit trouve sa nourriture au sortir de l'œuf, c'est parce qu'elle a choisi le lieu qu'il fallait pour le faire vivre. Dans l'eau où on a fait infuser un grain de poivre, vous verrez ordinairement nager des animaux d'une petitesse extrême : la mère, qui sait que cette nourriture convient à ses petits, n'a pas manqué d'y placer ses œufs. Dans le vinaigre, on n'aperçoit que de petites anguilles, et jamais d'autres animaux. Il en est un qui sait que le vinaigre, ou les matières qui le forment, sont propres pour sa famille : il la dépose sur ces matières ou dans ce liquide, plutôt qu'ailleurs.

Dans les pays où le ver à soie se nourrit en liberté, on trouvera ses œufs sur le mûrier, jamais sur un autre arbre. On ne rencontre point sur un chou ceux de la chenille qui ronge le chou. La teigne cherche les étoffes de laine, les peaux dégraissées, ou les paniers ; on ne la voit ni sur les plantes, ni dans le bois, ni dans la viande qui se corrompt. C'est au contraire dans cette viande que la grosse mouche vient déposer ses œufs. Ainsi, partout se retrouve la même sagesse qui a inspiré à toutes les mères une tendre sollicitude pour leur postérité.

Au sortir des œufs, il y a des petits qui se trouvent sous leur forme parfaite, qu'ils ne doivent point quitter durant toute leur vie. Les limaçons sortent de l'œuf avec leur maison sur le dos; ils conservent toujours la même figure et le même logement, si ce n'est que, devenus plus gros, ils ajoutent de nouveaux cercles à leur coquille. Les araignées sont entièrement formées au sortir de l'œuf et ne changent plus que de peau et de volume.

Mais la plupart des autres insectes éprouvent de singulières révolutions, et prennent successivement des figures qui n'ont entre elles aucune ressemblance. Il y a une infinité de ces petits êtres, qui sont composés de deux ou trois corps, organisés tout différemment, dont le second se développe après le premier et le troisième naît du second. Les chenilles, les mouches, les guêpes, les abeilles ne sont, au sortir de l'œuf, que des vermisseaux, les uns sans pieds, les autres avec des pieds. Les premiers sont à la charge des pères et des mères, qui prennent soin de leur apporter de quoi vivre ou de les placer près de ce qui convient à leur nature. Ceux de la seconde espèce vont eux-mêmes chercher leur subsistance sur les feuilles de l'arbre qui leur est propre et qui est précisément celui où la mère les a déposés. Tous grossissent d'une manière sensible en peu de temps. Plusieurs quittent leur habit et se rajeunissent en paraissant cinq ou six fois sous une peau nouvelle. Ceux des espèces qui admettent quelque changement, passent ensuite par un état moyen, qui prépare leur reproduction, et voici comment cela s'exécute :

Leur vermisseau, après un temps, cesse de manger, et s'enferme dans une sorte de petit sépulcre qui varie selon les espèces. C'est là que, sous une enveloppe qui préserve de toute insulte son extrême délicatesse, il se prépare à une nouvelle naissance. On lui donne alors le nom de nymphe, qui signifie jeune mariée, parce que c'est dans cet état que l'insecte prend ses plus beaux atours, et la dernière forme sous laquelle il doit paraître pour multiplier sa postérité. On l'appelle aussi chrysalide ou aurélie, parce que la pellicule plus ou moins dure dont il est alors revêtu prend, dans certaines espèces, une couleur aussi brillante que celle de l'or.

Enfin, le quatrième état de cette espèce d'insecte, la grande et dernière métamorphose, est lorsqu'ils sortent de leur tombeau, et que, devenus des êtres volants, ils percent les enveloppes qui les retiennent, font sortir les panaches dont leur tête est ornée, déploie leurs ailes et toutes les merveilles de leur résurrection.

Qu'est une chenille? Un vermisseau aveugle et méprisé, qui, pendant qu'il rampe sur le feuillage, est exposé à une infinité d'accidents et de persécutions. Hélas ! l'homme a-t-il un sort meilleur dans le monde?

Avant-coureur d'une nouvelle perfection, le sommeil de la chenille ne dure pas toujours. Après sa métamorphose, elle se manifeste sous une forme gracieuse et éclatante. Elle rampait sur la terre; maintenant elle prend son essor et s'élève dans les airs. Elle était aveugle, à présent elle est pourvue d'yeux, et elle jouit de mille sensations agréables qui lui étaient inconnues. Naguère, elle se bornait à une nourriture commune; aujourd'hui, elle vit de miel et de rosée, et varie continuellement ses plaisirs.

XVI.

Les poissons.

Si un naturaliste ne connaissait d'animaux que ceux qui marchent sur la terre, qui respirent comme nous le faisons nous-mêmes, et qu'on lui dît que dans l'eau il existe une espèce de créatures formées de manière qu'elles peuvent se mouvoir dans cet élément, s'y propager, et y remplir toutes les fonctions animales avec facilité et même avec plaisir, il traiterait peut-être de visionnaire celui qui lui ferait un tel récit, et conclurait de ce qui arrive à nos corps lorsqu'on les plonge dans l'eau, qu'il est absolument impossible de vivre dans ce fluide.

Le genre de vie des poissons, leur structure, leurs

mouvements et leur propagation, offrent des phénomènes tout à fait merveilleux. Pour que ces animaux

pussent exister dans l'élément que leur assigne la
nature, il fallait que leur corps fût tout autrement
organisé, relativement à ses parties essentielles, que

celui des animaux terrestres ; et c'est aussi ce que l'on trouve en examinant la structure tant intérieure qu'extérieure des poissons.

Pourquoi la nature a-t-elle donné à la plupart de ceux de cette espèce un corps effilé, mince, aplati sur les côtés, et toujours aiguisé par la tête, si ce n'est afin qu'ils pussent fendre les eaux et nager plus facilement? Pourquoi sont-ils couverts d'écailles, si ce n'est afin que leur corps ne puisse être aisément endommagé par la pression de l'eau? Pourquoi plusieurs poissons, particulièrement ceux qui sont destitués d'écailles, ou qui n'en ont que de fort molles, sont-ils enveloppés d'un enduit gras et huileux, si ce n'est afin de les préserver de la pourriture et de les garantir contre le froid? Pourquoi, au lieu d'os, ont-ils des arêtes, si ce n'est afin que leur corps soit plus flexible et plus léger? Pourquoi, enfin, tous les poissons ont-ils les yeux enfoncés dans la tête, si ce n'est afin qu'ils soient moins exposés à les perdre, et que la lumière puisse s'y concentrer? Il est manifeste que, dans l'arrangement de toutes ces parties, la nature a eu égard au genre de vie et à la destination de ces animaux.

Ce n'est point à ces objets que se borne ce qu'il y a de merveilleux dans la structure des poissons. Les nageoires sont presque les seuls membres dont ils

soient pourvus ; mais elles leur suffisent pour exécuter
tous leurs mouvements. Au moyen de la nageoire
placée à la queue, ils se meuvent en avant ; celle qui
est sur le dos dirige les mouvements du corps ; ils
s'élèvent par la nageoire pectorale ; et celle de dessous
le ventre leur sert à se tenir en équilibre.

Un des organes dont les poissons aient le plus
besoin pour nager, c'est la vessie d'air qui est dans
l'intérieur. On ne sait pas exactement de quelle manière
l'air s'introduit dans cette vessie ; on croit y avoir
observé un canal qui communique avec la bouche. Ce
qu'on sait mieux, c'est que les poissons peuvent, au
moyen de certains muscles, en chasser l'air ou le com-
primer à volonté, rendre ainsi leur corps plus ou moins
pesant, et exécuter les mouvements divers qu'exigent
leurs différents besoins. Dès que la vessie s'étend et
qu'elle s'enfle, devenus plus légers, ils s'élèvent et
peuvent nager vers la surface de l'eau. S'ils la res-
serrent, et que, par conséquent, ils compriment l'air
qu'elle renferme, le corps devient plus pesant que le
volume d'eau qu'il occupe, et s'y enfonce. Aussi, quand
on pique cette vessie avec une épingle, le poisson va de
suite au fond : il n'a plus la faculté de se tenir à la
surface, et moins encore de s'y élever. Les poissons
rampants, qui ne quittent point le fond de l'eau, tels
que le turbot, la sole, la raie, sont privés de cet

organe, qui, en effet, ne leur serait d'aucune utilité.

Jusqu'à nos jours, on avait regardé les poissons comme un peuple de sourds. Cependant on n'ignorait pas que les carpes, qui s'apprivoisent très bien, accourent à la voix ou au son d'une clochette, pour recevoir leur pâture.

La mer, cet immense bassin qui couvre les deux tiers de notre globe, est remplie de créatures vivantes qui sont en rapport les unes avec les autres, et dont les espèces sont si nombreuses, que nous sommes bien éloignés de les connaître toutes. Au milieu de cette multitude d'êtres animés, il n'y a aucune confusion : on sait les distinguer, et, dans la mer, comme partout ailleurs, règne un ordre parfait. Toutes ces créatures peuvent être rangées sous certaines classes : elles ont leur nature, leur genre de vie, leur nourriture, leur caractère propre, leurs facultés particulières. Il s'y trouve, comme sur la terre, des gradations, des nuances, des passages insensibles d'une espèce à l'autre. La nature y passe du petit au grand ; elle perfectionne insensiblement les espèces, et lie tous ces êtres par une chaîne immense qui les embrasse.

Mais parmi cette prodigieuse multitude d'habitants de la mer, quelle variété ! quelle diversité de destination et de forme ! On trouve, parmi les poissons, les plus grands et presque les plus petits des animaux. Séduit

par une apparence trompeuse, le marinier débarque
sur le dos de l'énorme baleine, et s'y promène comme
dans une île, tandis que la petitesse d'autres poissons
permet à peine de les apercevoir. Quelques-uns sont
longs et effilés, d'autres larges et raccourcis ; on en
voit de plats, de cylindriques, de triangulaires, de
ronds. Il y en a qui sont armés d'une corne ; d'autres,

Baleine.

d'une forte épée, ou d'une espèce de scie. Dans ceux-ci,
la couleur se confond avec celle de la mer, au point qu'il
est difficile de les distinguer ; la nature a paré ceux-là
des plus magnifiques couleurs. Certaines espèces, qui
dévasteraient et dévoreraient tout, multiplient très
peu ; d'autres, au contraire, peuplent prodigieusement,
parce qu'elles servent à la nourriture des hommes et
des animaux.

Ce n'est pas en vain que l'homme a été établi maître des poissons, comme des autres animaux; et ces barques de pêcheurs ne vont, de toutes les côtes, recueillir les présents de la mer que pour nous rapporter des nourritures également variées et saines. C'est dans ces eaux, dont le goût est si désagréable et si âcre, que s'engraissent et se perfectionnent tant de poissons, préférables aux oiseaux les plus exquis.

Dans un élément où l'on ne sème ni ne recueille, quelle multitude d'habitants et quelle fécondité! Quelle délicatesse, et tout à la fois quelle profusion dans cette libéralité! Que de poissons de toutes les formes, de goûts si variés, de tailles si différentes!

XVII.

Les oiseaux.

Les oiseaux aquatiques n'habitent pas les eaux à la
manière des poissons ; leur organisation diffère beaucoup de celle de ces derniers ; mais, comme eux, ils
trouvent leur nourriture dans cet élément. Nous nommons donc oiseaux aquátiques ces oiseaux plongeurs
qui, comme la macreuse, la grèbe et le plongeon, ne
quittent guère l'eau, et dont les pieds semblent plus
faits pour nager que pour marcher ; et par le nom
d'oiseaux amphibies, nous désignons ceux qui, comme
le cygne, l'oie, le canard, se tiennent également et
sous l'eau et dans l'air.

A ce nouveau séjour répond une nouvelle décoration.

Les écailles sont remplacées par des plumes, plus composées et plus variées ; un bec prend la place des dents ;
aux nageoires succèdent des ailes et des pieds ; des
poumons intérieurs et d'une autre structure font disparaître les ouïes ; le plus profond silence est banni,
et, dans plusieurs espèces, remplacé par les chants les
plus mélodieux.

Plus on étudie la structure de l'oiseau, plus on
reconnaît que la nature l'a fait pour être habitant de
l'air. Son corps est couvert de plumes affermies dans
la peau, couchées les unes sur les autres dans un ordre
régulier, et garnies d'un duvet mou et chaud. Les
grandes plumes sont recouvertes par de plus petites,
en dessus et en dessous ; chacune a un tuyau et des
barbes ; le tuyau est creux par en bas, et c'est par son
moyen que la plume reçoit sa nourriture ; vers le haut,
il est rempli d'une espèce de moelle. Les barbes sont
une enfilade de petites lames minces et plates, serrées
les unes contre les autres des deux côtés.

Au lieu des jambes de devant des quadrupèdes, les
oiseaux ont deux ailes, composées de onze os. Dans la
peau qui les recouvre sont implantées les plumes destinées au vol. Ces plumes, renversées en arrière,
forment une espèce de voûte, fortifiée encore par deux
rangs de plumes plus petites, qui recouvrent la racine
des premières. Les ailes ne frappent pas en arrière,

comme les nageoires des poissons : elles agissent perpendiculairement contre l'air inférieur ; ce qui facilite
extrêmement le vol de l'oiseau. Elles sont un peu
creuses, afin de pouvoir saisir plus d'air ; et cependant

Aigle.

elles sont si serrées, que cet élément ne peut les
pénétrer.

Entre les ailes, le corps est suspendu dans un équilibre parfait, et de la manière la plus commode pour

exécuter ses divers mouvements. La tête est plus petite, afin que, par sa pesanteur, elle ne retarde pas la vibration des ailes, et qu'elle puisse être propre à fendre l'air, et à se faire un chemin à travers cet élément. Le principal usage de la queue est de maintenir l'équilibre du vol, et d'aider l'oiseau à monter ou à descendre dans l'air.

Il faudrait fermer volontairement les yeux pour méconnaître ici les traces d'une sagesse infinie. Le corps des oiseaux est disposé, dans toutes ses parties, avec un art et une harmonie qu'on ne se lasse point d'admirer. Il se trouve parfaitement assorti à leur manière de vivre, à leurs différents besoins. La cigogne et le héron, qui doivent principalement chercher leur nourriture dans les marais, ont un bec très long, et sont fort haut montés, afin qu'ils puissent courir dans l'eau sans se mouiller, et atteindre leur proie bien avant. Nés pour vivre de rapine, le vautour et l'aigle sont pourvus de grandes ailes, de fortes serres et de becs tranchants.

Dans les hirondelles, le bec est mince et pointu, la bouche large et fendue jusqu'aux yeux : d'un côté, pour ne pas manquer les insectes qu'elles rencontrent dans leur vol; de l'autre, afin de pouvoir les percer plus facilement. La trachée-artère du cygne a un réservoir particulier, d'où il tire assez d'air afin de respirer, lorsque sa tête et son cou sont plongés au fond de l'eau pour y chercher sa nourriture.

En un mot, la structure de chaque oiseau est, comme nous venons de le dire, appropriée à son genre de vie et à ses besoins divers : chaque espèce est parfaite en son genre ; aucun membre n'est superflu, inutile ou difforme ; tous, au contraire, concourent à l'ornement et à la beauté, car on ne peut nier que les oiseaux ne doivent être mis au nombre des plus belles créatures. Quelle étonnante diversité de proportions, de couleurs et de chant, depuis le corbeau jusqu'à l'hirondelle, depuis la perdrix jusqu'au vautour, depuis le roitelet jusqu'à l'autruche, depuis le hibou jusqu'au paon, depuis la corneille enfin jusqu'au rossignol ! Tous ces oiseaux sont beaux et réguliers dans leurs espèces ; mais chacun a sa beauté, sa régularité propre et particulière.

C'est ainsi que la vue des oiseaux devient utile et même édifiante pour l'homme.

Dans cette belle saison de l'année où tout semble renaître, et qu'on ne se rappelle guère sans émotion, il se fait dans la nature une révolution que nous ne saurions trop admirer. La ponte des oiseaux, les soins qu'ils se donnent pour faire éclore leurs petits, la tendresse qu'ils leur témoignent pendant leur enfance, rendent la campagne un théâtre de merveilles pour le physicien et pour le contemplateur de la nature.

De grands naturalistes, aidés du microscope, ont suivi, presque d'heure en heure, les progrès du développement du poulet. Mais que de mystères encore se dérobent à nos recherches! Comment le germe se trouve-t-il dans l'œuf? Et qui lui a donné la faculté de recevoir, au moyen de la chaleur que lui communique la poule, la vie avec le sentiment? Qu'est-ce qui met en mouvement les parties essentielles du petit volatile? et quel est cet esprit vivifiant qui pénètre jusqu'au cœur et en détermine les battements? Qui inspire aux oiseaux l'instinct de se multiplier par une voie qui leur est commune à tous? Savent-ils que leurs petits sont renfermés dans des œufs? Qui les engage à rester sur le nid tout le temps nécessaire pour les y faire éclore?

La structure des nids nous découvre une multitude d'objets qui ne sauraient être indifférents à l'homme qui réfléchit et cherche à s'instruire. Comment n'admirerait-on pas ces petits édifices si réguliers, composés de tant de matériaux si différents, rassemblés et arrangés avec tant de choix et tant de peines, construits avec tant d'industrie, d'élégance et de propreté, sans autres outils qu'un bec et deux pieds? Que la main des hommes puisse élever, selon toutes les règles de l'art, de grands et beaux édifices, je n'en suis point étonné :

les artistes sont doués de raison ; ils ont en leur disposition mille instruments divers ; et les matériaux
s'offrent à eux en abondance. Mais qu'un oiseau, à qui
presque tout manque de ce qui serait nécessaire pour
un tel ouvrage, réunisse tant d'adresse, de régularité

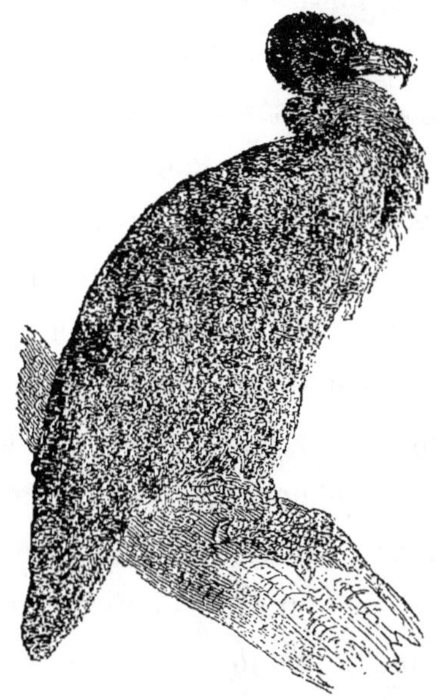

Vautour. (Page 138.)

et de solidité dans son architecture, c'est ce que je ne
puis assez admirer.

En général, chaque espèce a sa méthode particulière
de se loger. Les uns se placent dans les maisons, les
autres dans les arbres ; ceux-ci sous l'herbe, ceux-là
dans la terre ; mais toujours de la manière la plus convenable à leur sûreté, à l'éducation de leurs petits, à la
conservation de leur espèce.

Tout ce qui est nécessaire à la conservation de l'individu et à celle de son espèce, l'animal semble l'exécuter du premier coup, sans préparation, sans étude, sans expérience, sans imitation, et aussi parfaitement que si l'ouvrage était le résultat de la plus longue habitude ou des réflexions les plus profondes. Les bêtes, même en société, ne font guère que les progrès que chacune aurait faits séparément. Le commerce d'idées que le langage d'action établit entre elles étant très borné, chaque individu n'a presque, pour s'instruire, que sa seule expérience. S'ils n'inventent, s'ils ne perfectionnent que jusqu'à un certain point, s'ils font tous la même chose, ce n'est pas qu'ils se copient ; c'est qu'étant tous jetés au même moule, ils agissent tous pour les mêmes besoins, et par les mêmes moyens ; et leur éducation est bientôt achevée.

Quelque peine, après tout, quelques difficultés que nous éprouvions à expliquer ces mystères de la nature, et quoi qu'il en soit des facultés des oiseaux, toujours est-il certain qu'elles sont l'effet d'une puissance et d'une sagesse supérieures à notre intelligence.

La plus grande partie des oiseaux qui, pendant l'été, trouvaient leur demeure et leur nourriture dans nos campagnes, nos jardins et nos forêts, quittent en automne des climats qui ne fournissent plus à leurs besoins, et passent dans d'autres pays. Il n'en est qu'un petit nombre, comme le loriot, le grimpereau, la corneille, le corbeau, le moineau, le roitelet, la perdrix et la grive, qui nous restent durant la saison rigoureuse ; les autres s'absentent pour la plupart, ou nous abandonnent entièrement.

Quelques espèces, sans prendre leur essor fort haut, et sans partir de compagnie, tirent peu à peu vers le sud, pour aller chercher des grains et des fruits qu'elles aiment de préférence ; mais elles reviennent bientôt. D'autres, et ce sont les vrais oiseaux de passage, se rassemblent en certaines saisons, partent par troupes, et se rendent dans de nouveaux climats. Quelques-uns se contentent de passer d'un pays dans un autre, où l'air et la nourriture les attirent ; il en est qui traversent les mers et entreprennent des voyages d'une longueur surprenante.

Les oiseaux de passage les plus connus sont les cailles, les canards sauvages, les pluviers, les bécasses, les hirondelles et les grues, avec quelques autres oiseaux qui se nourrissent de vers. Les cailles, au printemps, passent d'Afrique en Europe, pour y jouir d'une chaleur modérée. En automne, elles profitent d'un vent du nord pour quitter l'Europe, et, dressant en l'air une de leurs ailes comme une voile, battant de l'autre comme d'une rame, elles rasent les flots de la Méditerranée, et vont chercher dans l'Egypte et dans la Barbarie une température douce et semblable à celle des climats qu'elles abandonnent.

C'est vers la fin de septembre ou au commencement d'octobre, suivant la température de la saison, que les hirondelles quittent nos contrées, pour passer dans les

Perdrix rouge.

pays chauds. Elles se rassemblent alors en grandes troupes, sur les cordons et les faîtes des édifices, et font entendre sans cesse un cri de ralliement. Toutes les familles de la même espèce se réunissent pour se préparer au départ : la caravane s'accroît encore par la jonction d'hirondelles d'espèces différentes, qu'un même instinct porte à se joindre avec d'autres pour voyager de conserve. On a vu nos hirondelles d'Europe arriver au Sénégal dans la seconde semaine d'octobre; on les rencontre même en mer. Mais elles ne nichent pas dans cette contrée brûlante ; elles en repartent sur la fin de mars, et reviennent habiter les lieux qu'elles avaient quittés l'automne précédent. Un naturaliste s'en est assuré par une expérience fort simple. Ayant attaché aux pieds de quelques hirondelles un fil teint en détrempe, il revit, l'année suivante, ces mêmes oiseaux avec le même fil, qui n'était point décoloré ; ce qui prouve en même temps qu'elles ne vont point se plonger dans les marais, comme on l'a prétendu absurdement.

Mais les hirondelles domestiques ne reviennent pas pondre dans le nid de l'année précédente : elles en construisent un nouveau au-dessus de l'ancien, si le lieu le permet. On a vu jusqu'à quatre de ces nids, construits d'année en année, les uns au-dessus des autres, dans le même canal de cheminée.

Les grives, les étourneaux, les cailles, les pinsons, les fauvettes, partent en automne ; et c'est alors que les bécasses et les bécassines arrivent dans nos contrées. L'étourneau cependant n'est proprement oiseau de passage que dans les pays froids. Dès que les étourneaux ne nichent plus, ils se rassemblent en grandes troupes. Leur manière de voler est singulière, et ne se retrouve dans aucune autre espèce : on la dirait soumise à une sorte de tactique. Ils tourbillonnent sans cesse en l'air ; et, tandis que leur instinct les entraîne vers le centre du tourbillon, la rapidité de leur vol les emporte continuellement au delà. Ils circulent ainsi et se croisent en tous sens ; et la sphère entière paraît tourner sur elle-même, sans suivre de direction constante. Au reste, ce tournoiement n'est pas inutile aux étourneaux : il écarte les oiseaux de proie, qui se trouveraient mal de s'engager dans l'épais tourbillon, où ils seraient exposés à mille chocs divers.

Les canards sauvages vont aussi, aux approches de l'hiver, chercher des climats plus doux. Tous s'assemblent à un certain jour et partent de compagnie. D'ordinaire, ils s'arrangent sur une longue colonne, ou sur deux lignes réunies en un point, comme un V renversé, un d'eux à la tête, suivi des autres dans les rangées qui vont toujours en s'éloignant davantage. Le canard qui forme la pointe, fend l'air ; il facilite ainsi le passage à ceux qui suivent, et dont le bec est toujours posé sur la queue de ceux qui les devancent. L'oiseau conducteur n'est qu'un temps chargé de cette pénible tâche : il passe ensuite de la pointe à la queue, pour se reposer, et il est relevé par un autre.

De longs triangles d'oies sauvages et de cygnes vont et viennent chaque année du Midi au Nord, ne s'arrêtent qu'aux limites brumeuses de l'hiver, passent sans s'étonner au-dessus des cités de l'Europe, et dédaignent leurs campagnes fécondes, sillonnées de blés verts au milieu des neiges.

Le nid. (Page 140.)

Mais, de tous les oiseaux voyageurs, ceux qui exécutent les courses les plus longues et les plus hardies, ce sont les grues. Originaires des contrées septentrionales, les grues parcourent les régions tempérées, et s'enfoncent dans celles du Midi. Elles s'élèvent à une grande hauteur dans les airs, et s'y disposent en ordre de bataille. Leur phalange forme une espèce de triangle propre à diminuer la résistance que l'élément léger apporte à la rapidité de leur vol. Mais, si le vent devient impétueux, et qu'il menace de les rompre, elles se disposent en cercle, en se resserrant de plus en plus. Elles en usent de même à la rencontre des grands oiseaux de proie, dont elles ont à repousser les attaques. C'est, pour l'ordinaire, dans les ombres de la nuit qu'elles fendent les airs ; et leur voix éclatante annonce au loin leur passage. On dirait qu'elles ont un chef qui dirige la marche et qui les avertit fréquemment, par un cri, de la route qu'il tient : la troupe répète ce cri, comme pour faire entendre qu'elle suit et garde la direction qui lui est marquée. Pressentent-elles l'orage, elles abaissent leur vol et se rapprochent de la terre. Quand elles s'y rassemblent pendant les ténèbres, elles ont soin d'établir une garde, qui veille tandis que la troupe dort, et qui l'avertit par un cri du danger qui la menace.

Ces grands oiseaux émigrent dès les premiers froids de l'automne : on les voit alors passer du fond de l'Allemagne en Italie, et poursuivre leur marche vers le Midi. Ils nichent dans les marais du Nord. A peine l'éducation de la famille est-elle achevée, que le temps du départ arrive : les petits se mettent en route avec ceux dont ils tiennent le jour, et que déjà ils peuvent accompagner dans leurs longues traversées.

Les vrais oiseaux de passage émigrent périodiquement dans une certaine saison ; mais il arrive quelquefois qu'on observe de nombreuses migrations d'espèces sédentaires, soit que des orages violents les chassent des lieux qu'elles habitent, soit qu'elles viennent à y manquer de subsistances. Ce sont là des migrations irrégulières, qui n'ont lieu que trois ou quatre fois dans un siècle.

Tous les oiseaux de passage ne se rassemblent point en troupes. Il en est qui font le voyage seuls ; d'autres ne le font qu'avec leur propre famille; d'autres émigrent par petites compagnies. Ce sont les pères et les mères qui rassemblent les enfants, lorsque le temps du départ approche. Plusieurs familles se réunissent pour faire une même caravane, se mettre par là en état de surmonter les résistances, et de s'opposer à leurs ennemis.

Mais pourquoi, quand la température de l'air leur permettrait de rester, et qu'ils trouvent encore des aliments, ne laissent-ils pas de s'éloigner de nos régions au temps désigné? Lors même que nos contrées cessent de leur être favorables, d'où savent-ils que d'autres climats leur sont convenables? Par quelle raison s'éloignent-ils tous en même temps, comme s'ils avaient unanimement fixé d'avance le jour de leur départ? Comment, dans l'obscurité des nuits, et sans connaître ni le pays, ni les climats, poursuivent-ils si constamment leur route?

XVIII

Les quadrupèdes.

La classe des quadrupèdes n'est pas moins intéressante à considérer que celle des oiseaux. Ce sont deux
perspectives d'un genre différent, mais qui ont quelques
points de vue analogues. En entrant même dans ce
nouveau domaine de la nature, on se trouve embarrassé pour décider à laquelle des deux classes appartiennent certains êtres, qui, sous quelques rapports,
sont de la première, et, sous d'autres, font partie de la
seconde. Des oiseaux velus, dont les oreilles sont
saillantes, dont la bouche est garnie de dents, et le
corps porté sur quatre pattes armées de griffes, sont-ils
de véritables oiseaux ? Des quadrupèdes qui volent à
l'aide de grandes ailes membraneuses, sont-ils de

vrais quadrupèdes? Tel est le problème que nous laissent à résoudre la chauve-souris et l'écureuil volant.

La première, dont les membres nous paraissent si bizarrement découpés, et, en apparence, mais non par rapport à leur destination réelle, si disproportionnés avec le corps, est beaucoup plus quadrupède qu'oiseau. Elle a tous les viscères du premier; et leur structure est essentiellement la même que dans celui-ci. Comme les quadrupèdes, elle produit des petits vivants, et les allaite. C'est donc seulement par la faculté de voler que la chauve-souris se rapproche de l'oiseau.

Quant à l'écureuil volant, qui a de grands rapports avec l'écureuil commun, il se rapproche beaucoup moins de l'oiseau par la faculté de voler que la chauve-souris. Il n'a pas proprement, comme elle, des ailes membraneuses; mais sa peau lâche et plissée sur les côtés du corps, est susceptible d'une assez grande extension, qui accroît le volume de l'animal, le soutient en l'air, et lui donne une plus grande facilité pour s'élancer d'un arbre à l'autre.

D'un autre côté, l'autruche, cet être singulier qui court plutôt qu'il ne vole, vient se placer sur les confins qui séparent l'espèce volatile du quadrupède. Cet oiseau colossal, attaché à la terre par la pesanteur de sa masse, dont le poids moyen pourrait être évalué à quatre-vingts livres, est si bien privé de la puissance de voler, qu'à proprement parler, il n'a point d'ailes. Les espèces d'ailerons qui en tiennent la place sont plutôt des bras, revêtus de longs filaments soyeux détachés les uns des autres, et qui ne peuvent frapper

Chauve-souris.

l'air avec avantage. Sa queue est garnie de pareilles soies, dont la position et l'arrangement ne sont rien moins que propres à former une espèce de gouvernail. Sa tête et ses flancs sont presque nus. Ses cuisses, très grosses et très musculeuses, s'articulent à des jambes proportionnées ; et ses grands pieds nerveux et char-nus, qui n'ont que deux doigts situés en avant, res-semblent fort à ceux du chameau. Ses yeux, qui imitent ceux de l'homme, peuvent se diriger ensemble vers le même objet.

L'autruche, qui, par son extérieur, soutient des rapports si marqués avec le quadrupède, s'en rapproche encore plus à l'intérieur. Son squelette offre une multitude d'analogies avec celui de ce dernier ; et les parties molles en présentent de plus nombreuses et de plus frappantes encore ; de sorte qu'on peut dire que l'autruche est mi-partie oiseau et quadrupède.

Les quadrupèdes sont bien moins nombreux en espèces que les oiseaux. On n'en connaît guère que deux cents, dont plus du tiers appartiennent à nos contrées, tandis qu'il existe de douze à quinze cents espèces d'oiseaux.

Mais il y a aussi des analogies que nous ne devons pas omettre, puisqu'il est des naturalistes qui se plaisent à les faire remarquer ; telles surtout que celles qui se trouvent dans les mœurs, les habitudes, la nature de ces deux classes. En comparant donc, sous le rapport des habitudes et des mœurs, les oiseaux aux quadrupèdes, il paraît que l'aigle, noble et généreux, est le lion ; que le vautour, cruel, insatiable, est le tigre ; le milan, la buse, le corbeau, qui cherchent de préférence les vidanges et les chairs corrompues, sont les hyènes, les loups et les chacals. Les faucons, les éperviers, les autours, et les autres oiseaux chasseurs, sont les chiens, les renards et les lynx. Les chouettes, qui ne vivent et ne chassent que la nuit, seront les chats. Les hérons, les cormorans, qui vivent de poissons, seront les castors et les loutres. Les pics seront les fourmiliers, puisqu'ils se nourrissent de même, en tirant également la langue pour la charger de fourmis.

Autruche.

Les paons, les coqs, les dindons, tous les oiseaux à jabot, représentent les bœufs, les chèvres, et les autres animaux ruminants. De manière qu'en établissant une échelle des inclinations, des habitudes, et présentant le tableau des différentes façons de vivre, on retrouvera dans les oiseaux les mêmes rapports et les mêmes différences qu'on observe dans les quadrupèdes ; peut-être même les nuances en seront-elles plus variées.

L'organisation animale s'élève par degrés. Déjà les oiseaux nous l'ont fait voir très perfectionnée ; mais, chez les quadrupèdes, cette perfection, portée à un point beaucoup plus considérable encore, s'élève pour ainsi dire jusqu'à celle de l'homme. Aussi ne nous arrêterons-nous point ici à considérer la structure extérieure et intérieure des quadrupèdes, la manière dont s'opèrent chez eux la nutrition, la circulation. En traitant de plusieurs de ces objets dans les considéra-tions sur l'homme, ils se trouveront en même temps expliqués pour ce qui concerne les quadrupèdes.

C'est un spectacle touchant de voir combien, parmi ceux mêmes qui sont les plus féroces, les soins qu'in-spire aux mères l'amour de leurs petits changent leur caractère. Sur le point de mettre bas, la louve cherche dans les bois le lieu le plus fourré ; elle y aplanit un certain espace, en coupant et en arrachant les épines avec ses dents. Elle le couvre d'un lit épais de mousse ou de menues herbes, pour que ses louveteaux soient couchés mollement. Elle les allaite pendant plusieurs semaines, et leur apprend ensuite à manger de la chair, qu'elle a soin de leur préparer en la mâchant. Bientôt elle leur apporte des proies vivantes : des mulots, des levrauts, des perdrix, ou d'autres volailles.

Ils jouent avec ces animaux, et finissent par les étrangler. La louve ensuite les plume et les écorche, et, après les avoir dépecés, elle en fait la distribution à sa famille. Devenus plus forts, les petits commencent à suivre leur mère, qui les mène boire à quelque mare

Louve dans une forêt.

voisine, et les ramène au gîte. Elle les défend avec une intrépidité admirable, s'oublie elle-même, ne songe qu'à eux, et s'expose à tout pour les sauver.

Moins hardie et moins courageuse que le lion, la femelle de ce noble animal le surpasse en intrépidité lorsqu'elle a des petits. L'amour maternel devient chez elle une passion furieuse : nul danger qu'elle ne brave, quand il s'agit de pourvoir à leur nourriture ou de les défendre ; elle se jette alors sur les hommes et sur les animaux, les met à mort, se charge de sa proie, la porte à ses lionceaux, la leur partage, et les accoutume ainsi à se repaître de chair et de sang. Avant de mettre bas, elle s'est retirée dans des lieux écartés et presque inaccessibles ; et, pour n'être point découverte, elle dérobe ses traces en retournant plusieurs fois sur elles, ou en les effaçant avec sa queue. Si ses craintes augmentent, elle transporte ailleurs ses nourrissons ; et si l'on tente de les lui enlever, elle les défend jusqu'à la dernière extrémité.

Si, parmi ces animaux, la férocité fait place à la tendresse pour leurs petits, on ne sera point étonné de retrouver ce sentiment chez des êtres plus doux. Voyez ces souterrains si merveilleusement fabriqués par la taupe, cet industrieux habitant de la campagne, qu'on a cru faussement sans yeux, parce qu'il en a de très petits, difficiles à reconnaître sous le poil qui les cache. C'est dans cette retraite qu'à l'abri des insultes des animaux carnassiers, loin du trouble et du bruit, la taupe élève sa nombreuse famille dans une tranquille obscurité qui assure son bonheur, comme elle l'assure presque toujours parmi nous.

Tout le monde connaît ses dômes, ou taupinières,

qu'on rencontre partout dans les jardins et les prairies ; les plus grands, les plus élevés recèlent le logement de la famille. Sous cette voûte solide, soutenue
par des cloisons ou piliers, de distance en distance, et
si compacte, qu'elle en devient impénétrable à l'eau
des pluies, qui ne peut même y séjourner à cause de
la convexité de l'édifice, la taupe élève un petit tertre,

Écureuil.

qu'elle recouvre d'herbes et de feuilles, pour servir de
lit à ses petits : ils se trouvent ainsi placés au-dessus
du niveau du terrain voisin et à l'abri des petites inon-
dations. A ce tertre communiquent divers sentiers,
fermes et bien battus, qui descendent plus bas et
partent comme d'un centre commun. Ils servent tout
à la fois au transport des vivres et d'issues pour
échapper au danger. Les provisions consistent d'ordi-

naire en des fragments de racines ou d'oignons, qui paraissent être les premières nourritures que la taupe donne à sa famille ; elle y substitue ensuite des insectes et des vers. Si l'on entreprend de pénétrer dans le souterrain, attentive au moindre bruit, elle songe aussitôt à mettre ses petits en sûreté, et s'efforce de les transporter ailleurs.

Aussi vif, aussi léger, aussi industrieux que l'oiseau, le gentil écureuil sait, comme lui, construire un nid sur les arbres. Une seule ouverture étroite, ménagée vers le haut, donne entrée dans ce petit logement, dont la capacité et la solidité lui procurent une existence facile et sûre au sein de sa famille. Un petit toit, construit au-dessus de la porte, en forme de chapiteau conique, met l'intérieur à couvert de la pluie, et facilite l'écoulement de l'eau.

Chaque animal a un caractère qui lui est propre, et qui se manifeste par une disposition particulière à certains actes, par l'air, la contenance, en un mot, par toute l'habitude extérieure ou l'ensemble du sujet. Le courage est l'apanage du lion ; la férocité, celui du tigre. On connaît la voracité du loup, la fierté du cheval, la gloutonnerie du porc, la stupidité de l'âne, la docilité du chien, la malice du singe, la finesse du renard, la subtilité du chat, la douceur de l'agneau, la timidité du lièvre, la vivacité de l'écureuil. Ces divers caractères sont susceptibles de modifications : on adoucit jusqu'à un certain point les plus féroces. Dans le premier âge, le loup s'apprivoise assez facilement, et semble se rapprocher de la docilité du chien, avec lequel il a d'ailleurs de grands rapports de conformation. Mais son naturel féroce n'est jamais que masqué par la domesticité et l'éducation ; dès qu'il a pris un

Panthère d'Afrique.

certain accroissement, le fond de son être se décèle, et il mord cruellement la main qui le nourrit ou le caresse.

L'ours peut aussi acquérir une certaine docilité, et se soumettre à une direction également adroite et courageuse. Mais le naturel, qui ne saurait être détruit, reparaît toujours ; et l'ours ne cesse point d'être ours. Cet animal est très susceptible de colère ; et elle tient toujours chez lui de la fureur, souvent aussi du caprice. Quoiqu'il paraisse doux pour son maître, et même obéissant, on doit s'en méfier et le traiter avec circonspection. Pour lui donner une espèce d'éducation, il faut le prendre jeune et le contraindre pendant toute sa vie.

Toujours altéré de sang et jamais rassasié, le tigre, qui déchire et dévore tout être vivant qu'il rencontre, le tigre, farouche et cruel par essence, ne cède ni à la force ni à la contrainte ; et son naturel sanguinaire demeure constamment indomptable. L'ocelot, aussi avide de carnage, mais bien moins puissant, ne fléchit pas davantage sous la main de l'homme.

La fière panthère ne s'apprivoise pas non plus, à proprement parler ; on ne peut que la dompter. Il est vrai qu'on la dresse pour la chasse ; mais si, dans cet exercice, elle manque sa proie, elle entre en fureur et attaquerait son maître, s'il ne prévenait le danger en lui jetant de la chair ou quelque animal vivant.

La possibilité de ployer ou de modifier jusqu'à un certain point le naturel des animaux, et de lui faire prendre des impressions nouvelles, est une suite du sentiment qui les porte à rechercher ce qui est utile à leur conservation et à éviter ce qui peut leur nuire. La faim et la crainte sont les deux grands mobiles qui les déterminent, et l'homme sait les mettre en œuvre.

Remarquons ici l'attention de la nature pour éloigner de nos demeures les animaux féroces. Les plus redoutables, le lion, le tigre, la panthère, ne vivent et ne se propagent que dans les contrées brûlantes de la zone torride. D'autres, comme l'ours blanc, ne sauraient subsister que dans les régions glacées du Nord.

Ours blanc.

Au contraire, les animaux destinés à vivre auprès de l'homme sont revêtus de qualités sociales ; ils ignorent leurs forces ; et un nombreux troupeau de bœufs plie sous la baguette d'un enfant.

Que de choses il y aurait à dire sur ces animaux si utiles ! Les bêtes sauvages ne viennent dans nos habitations que pour nous piller ; les animaux domestiques ne s'arrêtent auprès de nous que pour nous donner ou pour nous servir. Si quelque chose nous rend moins sensibles les présents qu'ils nous font, c'est qu'ils les réitèrent tous les jours. La facilité de se les procurer semble les avilir à nos yeux, tandis que c'est réellement ce qui en augmente le prix. Faits pour vivre au milieu de nous, ces animaux, en mille endroits divers, selon qu'ils s'y plaisent davantage, et tout en s'y nourrissant, travaillent en effet pour nous. La vache pesante pait au fond des vallées ; la brebis légère, sur les flancs des collines ; la chèvre grimpante broute les arbrisseaux des rochers ; le porc fouille les racines des marais : le canard mange les plantes fluviatiles ; la poule, à l'œil attentif, ramasse les graines perdues dans les champs ; le pigeon, aux ailes rapides, celles des forêts les plus écartées ; et l'abeille économise jusqu'aux poussières des fleurs. Il n'y a point de coins de terre dont ils ne puissent moissonner les plantes. Tous reviennent le soir à nos habitations avec des murmures, des bêlements et des cris de joie, en nous rapportant les doux tributs des plantes, changés, par une métamorphose inconcevable, en miel, en lait, en beurre, en œufs et en crème. Une libéralité si grande, et qui n'est jamais interrompue, mérite une reconnaissance toujours nouvelle.

Plusieurs physiciens ont recherché la cause de l'engourdissement de divers animaux, tels que la marmotte, le hérisson, le loir, la chauve-souris. Ce point intéressant de l'économie animale demandait des hommes initiés aux plus secrets mystères de la nature. Buffon attribuait l'espèce de torpeur qui s'empare de ces êtres singuliers au refroidissement du sang, occasionné par le froid de l'air qui les environne.

Spallanzani a été plus loin : il a démontré de la manière la plus rigoureuse que l'engourdissement des animaux dont il est question ne dépend point du refroidissement du sang. On sait que les grenouilles, le crapaud, les salamandres aquatiques, s'engourdissent pendant l'hiver, et qu'ils deviennent alors aussi raides que les loirs, les hérissons ou les marmottes ; mais ce qui est moins connu, c'est qu'on peut ouvrir le cœur de ces amphibies ou en couper l'aorte, sans qu'ils cessent de se sauver, de courir, et de plonger. Spallanzani a su mettre à profit ce fait singulier, dont il s'était assuré bien des fois par ses propres expériences. Il a évacué tout le sang contenu dans le corps de ces amphibies, et les a ensuite ensevelis dans la neige : ils s'y sont tous engourdis comme les animaux de leur espèce ; et, après les avoir exposés dans cet état à une température convenable, il les a vus reprendre le sentiment et le mouvement ; il n'a même observé aucune différence à cet égard entre les amphibies entièrement privés de sang et les amphibies qui n'avaient point subi l'opération de la saignée.

Quelle est donc la cause de cette étrange torpeur, de cette léthargie plus ou moins profonde, qui survient à différentes espèces d'animaux pendant la mauvaise saison et qui dure des mois entiers? L'observateur que nous citons paraît avoir percé le mystère. Il remarque que tous les muscles de l'animal engourdi sont d'une rigidité extrême : les plus puissants stimulants chimiques, l'étincelle électrique, les piqûres, les incisions, y produisent à peine quelque léger signe d'irritabilité. Toutes les fibres musculaires sont donc alors trop fortement contractées pour qu'elles puissent céder à l'action de la puissance vitale ; cette action est suspendue ; et de cette suspension naît l'engourdissement ou la torpeur.

Au reste, tous les animaux ne s'engourdissent pas au même degré de froid : les variétés qu'on observe en ce genre tiennent, sans doute, à la nature particulière des fibres musculaires et au degré d'énergie de la puissance vitale. Les loirs, par exemple, commencent à s'engourdir dès que le thermomètre descend au-dessous du degré de la température : les crapauds, les salamandres, n'éprouvent le même effet qu'à un degré de froid très voisin de celui de la congélation.

XIX.

Les yeux des animaux.

L'organe de la vue est le chef-d'œuvre de l'organisation animale, et la simple considération des yeux des diverses espèces d'animaux suffit pour nous convaincre de la perfection qu'a mise la nature dans la formation de ses créatures. Le sens de la vue n'a pas été communiqué à toutes de la même manière : les organes en ont été diversifiés comme il convenait à chacune des espèces. Réfléchissons sur ce sujet intéressant.

La plupart des yeux des animaux ont cela de commun qu'ils paraissent être ronds ; mais dans cette forme il ne laisse pas de se rencontrer une grande

diversité. Leur situation près du cerveau, cette partie
la plus sensible du corps et le siège de toutes les sensations, est sujette à beaucoup de variétés. L'homme
et la plupart des quadrupèdes ont dans chaque œil six
muscles destinés à le faire mouvoir ; et la position des
deux yeux est telle, qu'ils peuvent regarder droit
devant eux et embrasser presque un demi-cercle. Mais
les chevaux, les bœufs, les brebis, les pourceaux et la
plupart des quadrupèdes, outre les muscles dont nous
avons parlé, en ont un septième destiné à suspendre le
globe de l'œil et à le retenir, ce qui était nécessaire
dans la position où se trouvent leur tête et leurs yeux,
penchés vers la terre, pour y chercher leur nourriture.
Le globe de l'œil est à l'abri des injures des corps
extérieurs par sa situation dans l'orbite et par les deux
paupières. Ces paupières sont mobiles ; mais la supérieure l'est plus que l'inférieure, excepté dans les animaux dont la tête est penchée vers la terre, ainsi que
dans la plupart des oiseaux.

Les yeux des grenouilles diffèrent de ceux des quadrupèdes par une membrane transparente, quoique
d'un tissu assez serré. Cette espèce de voile défend
l'organe et le garantit des dangers auxquels pourrait
l'exposer le genre de vie de ces animaux, dont le
séjour est alternativement l'eau et la terre.

Considérez les mouches, les moucherons et les

autres insectes semblables ; ils jouissent de la vue d'une manière plus parfaite que les autres créatures. Ils ont presque autant d'yeux que leur cornée a d'ouvertures ; et tandis que les animaux qui n'ont que deux de ces organes sont obligés de les tourner vers les objets extérieurs, les mouches voient distinctement de tous côtés à la fois et sans interruption, parce que les yeux dont elles sont douées en si grande quantité sont naturellement et toujours dirigés vers les objets qui les environnent. Mais par quel admirable mécanisme tant d'yeux ne produisent-ils dans ces insectes qu'une seule perception ?

Confinés dans un élément beaucoup plus doux que celui où nous vivons, les poissons y seraient pour ainsi dire aveugles, quoiqu'avec des yeux très ouverts et très bien conformés, s'ils n'avaient été pourvus d'un cristallin presque sphérique qui corrige la forte réfraction que subissent dans l'eau les rayons lumineux, en leur donnant de la convergence. Ils n'ont point de paupières et ne peuvent retirer leurs yeux en dedans de la tête ; mais leur cornée, aussi dure que la matière dont elle tire sa dénomination, suffit pour les mettre à l'abri des accidents.

On refusait autrefois à la taupe le sens de la vue ; il est cependant certain qu'elle a de petits yeux noirs, pas plus grands qu'une tête d'épingle. Le séjour presque continuel de cet animal sous la terre exigeait des yeux très petits, enfoncés dans la tête, et recouverts de poils. Dans le limaçon, au contraire, ils sont placés à l'extrémité de deux longues cornes, qu'il a la faculté de retirer en dedans, ou d'élever au-dessus de sa tête pour découvrir les objets de plus loin. Chez quelques animaux, dont les yeux ni la tête ne peuvent se mouvoir, ce défaut de mobilité est compensé par la multitude des yeux, ou de quelque autre manière. Ceux des araignées, au nombre de quatre, de six et quelquefois de huit, sont tous placés sur le front d'une tête ronde et sans cou : ils sont clairs, transparents et comme un bracelet garni de diamants. Les yeux, selon le genre de vie et les divers besoins de certaines espèces de ces insectes, ont des positions particulières, afin que leur vue puisse s'étendre de tous côtés et que, sans mouvoir la tête, ils puissent d'abord découvrir les mouches qui doivent leur servir de pâture.

Dans d'autres insectes, la nature a suppléé à la mobilité de cet organe par des antennes qui leur font discerner ce qui pourrait leur nuire ou ce qui échappe à leurs yeux. Le caméléon, espèce de lézard, a la propriété singulière de mouvoir un de ses yeux, pendant que l'autre reste immobile, de tourner l'un vers le ciel, tandis que de l'autre il regarde la terre, et de voir ce qui se passe devant et derrière lui. On observe la même faculté dans quelques oiseaux, dans les lièvres et dans les lapins, dont les yeux sont fort convexes. Aussi sont-ils garantis de plusieurs dangers et en état de découvrir leur nourriture avec moins de peine.

L'homme, doué de la parole, susceptible de connaissances et fait pour user de ses facultés naturelles au sein de la société, n'a pas, à l'égard des sens, cette extrême délicatesse qui lui eût été préjudiciable et incommode tout à la fois, tandis que les animaux, pour discerner les propriétés salutaires ou nuisibles de leurs aliments, ainsi que les ennemis qu'ils ont à éviter, ont, selon leur espèce, certains organes des sens beaucoup plus fins et plus parfaits. L'odorat, dans le chien, est d'une subtilité qui passe toute imagination ; nous avons peine à concevoir comment le nez le dirige d'une manière aussi assurée dans la recherche de ses besoins. La vue, dans les oiseaux, n'est pas moins propre à exciter notre admiration : ils ont le regard infiniment plus prompt et plus perçant que les autres animaux.

L'œil des oiseaux est construit de manière à changer de forme avec beaucoup de facilité, selon la distance de l'objet vers lequel il se dirige. Par un mécanisme fort simple, il exécute avec promptitude des mouvements variés, auxquels ne peut atteindre l'œil des animaux d'une autre classe. Sans cette structure particulière, un oiseau aurait été sans cesse exposé à se briser la tête contre les arbres, en traversant, au vol, une forêt touffue, car son mouvement est trop rapide pour que la structure ordinaire de l'œil pût suffire à le préserver d'un tel accident. L'aigle, du haut des airs, observe sur la terre des objets qui sont d'une telle petitesse, que nous sommes étonnés qu'ils frappent sa vue, et il fond sur eux comme un trait. Quel effet prodigieux s'opère en un instant si court, dans le foyer où l'œil rassemble les rayons! Les yeux des quadrupèdes se prêtent à des effets semblables, mais jamais au même degré; et leur manière de vivre ne le demandait pas. Dans tous les oiseaux, l'appareil qui facilite les espèces de changement que l'œil éprouve alors, relativement au foyer de lumière, est très apparent.

La construction particulière de l'œil des oiseaux doit être telle, qu'elle leur facilite deux opérations qui semblent tout opposées : celle de voir de très près et celle de voir de très loin. En général, les oiseaux se servent de leur bec pour se procurer la nourriture qui leur est nécessaire. Or, la distance entre l'œil et la pointe du bec est si petite, qu'ils doivent avoir la faculté de discerner les objets de très près. D'un autre côté, appelés à vivre dans l'air libre et à le traverser avec une grande vitesse, ils ont besoin, afin de pourvoir à leur défense aussi bien qu'à leur nourriture, de jouir de la faculté de voir à de grandes distances.

Destinés à demeurer sur la surface de la terre, les animaux qui l'habitent n'avaient pas besoin d'une vue prodigieusement étendue. Pour chercher leurs aliments, pour éviter leurs ennemis, la plupart ne pouvaient se passer d'un odorat délicat, d'une oreille subtile ; ils en ont été doués. Au contraire, les oiseaux, appelés à parcourir les airs, souvent à entreprendre les courses les plus étonnantes, pouvaient être privés sans inconvénient de cette grande délicatesse, dans les deux sens dont on vient de parler ; mais leur genre de vie exigeait la vue la plus étendue, comme la plus perçante. Souvent aussi il fallait qu'ils vissent de très près, et l'extrême flexibilité de leur organe satisfait à cette nouvelle circonstance.

XX.

Vêtements des animaux.

C'est par une attention marquée, et non par le fait du hasard, que tous les animaux sont naturellement pourvus des vêtements les plus analogues et à l'élément qu'ils habitent et à leur manière de vivre. Les uns sont couverts de poils, d'autres de plumes ; plusieurs sont revêtus d'écailles, et un plus grand nombre peut-être de coquilles.

Ces différents genres de vêtements sont assortis en général aux différentes espèces ; ils sont même appropriés à chaque membre des individus. Le poil était l'habillement le plus convenable aux quadrupèdes ; aussi, la nature, en le leur donnant, a tellement formé

le tissu de leur peau, qu'ils peuvent sans inconvénient
se coucher sur la terre, quelque temps qu'il fasse,
et être employés au service de l'homme. L'épaisse
fourrure de quelques-uns, non seulement les garantit
de l'humidité et du froid, mais encore leur sert à

Papillons.

couvrir leurs petits et à être plus moelleusement
couchés.

Pour les oiseaux, les plumes étaient le vêtement le
plus commode. Elles les mettent à couvert des injures
de l'air, et elles sont arrangées de la manière la plus
propre à favoriser leurs courses à travers cet élément.

L'habillement des reptiles n'est pas moins bien

assorti à leur genre de vie. Examinez le ver de terre ; son corps n'est formé que d'une suite de petits anneaux, et chaque anneau est pourvu d'un certain nombre de muscles, au moyen desquels l'animal peut s'étendre et se resserrer. Un suc gluant qui transpire à travers les pores de la peau, rend le corps glissant et très propre à s'ouvrir un chemin sous la terre. Comment eussent-ils rempli leur destination, s'ils eussent été couverts de poils, de plumes ou d'écailles.

La substance qui couvre les animaux aquatiques se trouve en même rapport avec l'élément qu'ils habitent. Certains poissons ne pouvaient avoir de vêtements plus commodes que ces écailles dont la figure, la mollesse, la grandeur, le nombre et la position sont si parfaitement adaptés à leur genre de vie. Quant aux crustacés et aux testacés, la nature a pourvu à leur conservation de la manière la plus avantageuse pour eux en leur donnant ou ces dures écailles ou ces coquilles qui leur servent à la fois d'habit, de domicile et de forteresse.

Dans les vêtements des animaux, la beauté se trouve toujours réunie à l'utilité. Les bêtes mêmes dont l'aspect est le plus désagréable ne laissent pas d'avoir leur beauté particulière. Mais c'est surtout à une grande partie des oiseaux et des insectes que la nature a prodigué les ornements. Arrêtez vos regards sur les

papillons : leur parure excite l'admiration de l'obser—
vateur. Plusieurs sont vêtus simplement, et leur couleur est uniforme, d'autres sont ornés avec économie ;
mais sur plusieurs brillent les couleurs les plus écla-
tantes et les plus variées.

Et combien n'est pas diversifié le plumage des
oiseaux ! Quelle merveille que le colibri ! Ce rouge
éclatant de rubis qui colore son cou, cet or qui brille
sur son ventre et par-dessous ses ailes, ces cuisses
vertes comme l'émeraude, ces pieds et ce bec noirs
et polis comme l'ébène, cette petite huppe qui décore
la tête des mâles et qui offre à elle seule toutes les
couleurs qui embellissent le reste du corps, semblent
réunir dans un être si petit tout l'éclat de l'arc-en-ciel.

XXI.

L'instinct et la nourriture des animaux.

De tous les règnes de la nature, celui qui renferme les animaux nous offre le plus de merveilles, et une étude bien intéressante pour l'homme est celle des propriétés et des divers instincts dont ils sont doués.

Je m'arrête d'abord à la manière dont quelques animaux pondent leurs œufs. La sauterelle, la tortue, le lézard, le crocodile, après les avoir mis bas, laissent au soleil, qui leur prête sa chaleur bienfaisante, le soin de les couver. D'autres espèces, par un instinct naturel et sûr, placent les leurs dans des endroits où les petits

trouveront, au moment de leur naissance, une nourriture convenable. Jamais les mères ne s'y méprennent :
le papillon provenu de la chenille du chou ne posera
point ses œufs sur la viande, et la mouche qui se
nourrit de chair ne placera pas les siens sur le chou.
Certains animaux ont tant de sollicitude pour leurs
œufs, qu'ils les traînent partout où ils vont. L'araignée
qu'on appelle vagabonde porte les siens dans un petit
sac de soie, et, lorsqu'ils sont éclos, les petits se
rangent dans un certain ordre sur le dos de leur mère,
laquelle va et vient avec cette charge et continue pendant quelque temps encore à leur donner ses soins. Il
est des mouches qui déposent leurs œufs dans des
corps d'insectes vivants ou dans les nids de ces
insectes. On sait qu'il n'existe pas une plante qui ne
serve à nourrir ou à loger un ou plusieurs de ces petits
animaux. Telle mouche perce la feuille d'un arbre et
dépose un œuf dans le trou qu'elle a formé ; la plaie se
referme très promptement ; la partie se gonfle, et
bientôt il paraît une excroissance ou tubérosité, qu'on
appelle *galle ;* l'œuf qui a été renfermé dans la galle
naissante croît avec elle, et l'insecte qui sort de cet
œuf trouve, au moment de sa naissance, et sa nourriture et son logement.

Quelques-uns de ces divers insectes, et ce sont les
plus solitaires, vivent dans l'intérieur des fruits, dont

chacun ne loge qu'une chenille ou un ver. D'autres plient ou roulent les feuilles de quantité de plantes, et se procurent ainsi de petites cellules où ils trouvent en tout temps une nourriture assurée, car ils rongent les parois de la cellule, mais avec l'attention de ne jamais toucher à la pellicule de la feuille destinée à les couvrir. Il y a des insectes assez adroits pour se loger dans l'épaisseur de certaines feuilles aussi minces que du papier et de s'y mettre à l'abri des injures de l'air. Une feuille est, pour ces petits animaux, un vaste pays où ils se pratiquent des routes plus ou moins tortueuses, en minant dans le parenchyme, comme nos mineurs s'en pratiquent à eux-mêmes dans la terre. Mais, parmi les insectes qui savent se loger ou se vêtir, s'offre une araignée dont les procédés en ce genre ont bien plus encore de quoi nous étonner. Elle a l'art de se construire au fond de l'eau un petit édifice tout aérien, une espèce de palais enchanté qui lui fournit une retraite sûre et commode, où elle loge à sec, au milieu de l'élément liquide.

Chaque espèce d'animaux a ses inclinations et ses besoins particuliers. Considérez ceux qui sont obligés de chercher leur nourriture dans les eaux, et, parmi ceux-ci, les oiseaux aquatiques. La nature a enduit leurs plumes d'une sorte d'huile, à travers laquelle il est impossible à l'eau de pénétrer. Par ce moyen, ils

ne se mouillent point en plongeant et ils sont toujours
en état de voler. Les proportions de leur corps ne
ressemblent point à celles des autres oiseaux. Leurs
jambes sont plus en arrière, afin qu'ils puissent se
tenir debout dans l'eau et étendre leurs ailes par-
dessus. Pour qu'ils soient en état d'avancer en nageant,
leurs pieds sont pourvus de membranes qui en unissent
les doigts, et la structure particulière qu'ils ont reçue
de la nature leur donne la faculté de plonger. Un bec
large, un long cou, leur facilitent la capture de leur
proie ; en un mot, leur conformation est dans le rapport le plus exact avec leur manière de vivre.

Le nautile est une sorte de coquillage qui a quelque
conformité avec l'escargot. Veut-il descendre, il se
retire à l'intérieur de son domicile qui se remplit
d'eau et coule à fond. Pour monter, il retourne sa
barque sens dessus dessous ; il en fait sortir l'eau et la
rend ainsi plus légère. S'il lui plaît de voguer, il
retourne adroitement la coquille, qui devient alors une
petite gondole ; une membrane mince et légère qu'il
tend, s'enfle au vent et lui sert de voile ; deux de ses
bras deviennent les avirons ; sa queue lui tient lieu de
gouvernail ; et, peut-être, ce gentil coquillage a-t-il
été l'instituteur de l'homme dans l'art de la navigation.

Il en est des actions des animaux comme de leur

structure. La même sagesse qui a formé leur corps et ordonné leurs membres, en leur assignant une destination particulière, a réglé aussi leurs actions, conformément au but qu'elle s'est proposé en les créant. Conduite par un instinct sûr, la brute semble produire tout d'un coup des ouvrages parfaits ; elle s'arrête quand il le faut et règle son travail selon les circonstances, sans pouvoir s'écarter des vues de cette sagesse qui a circonscrit dans sa sphère chaque insecte, comme chaque planète.

Depuis l'éléphant jusqu'au ciron, depuis l'aigle jusqu'au moucheron, depuis la baleine jusqu'à l'huître, il n'est, sur la terre, dans l'air, ni sous les eaux, aucun animal à qui la nourriture ne soit nécessaire pour croître et pour subsister. Mais, en formant ces créatures de manière qu'elles aient toutes besoin d'aliments, la nature pourvut en même temps à ce que la terre les produisît toujours en abondance : il en est d'autant d'espèces peut-être, qu'il existe d'espèces d'animaux ; et, sur le globe, il ne s'en trouve aucun qui n'ait sa table convenablement servie.

Certains animaux sont obligés de chercher péniblement leur nourriture ; de fouiller dans le sein de la terre, pour la trouver ; de la rassembler de mille endroits où elle est éparse, et même de la tirer d'un autre élément. Plusieurs choisissent le temps de la

nuit, pour pouvoir en sûreté contenter leur faim.
D'autres ont besoin de donner une certaine préparation
à leurs aliments, de dégager les grains de leurs enveloppes; de les briser, s'ils sont durs ; d'avaler de
petites pierres, pour faciliter la digestion ; d'enlever la
tête aux insectes dont ils font leur pâture ; de briser
les os ou les arêtes de la proie qu'ils ont saisie ; de
retourner les poissons, afin de les avaler par la tête.
Il en est qui périraient s'ils n'enrichissaient leur domicile de provisions pour l'avenir ; quelques-uns ne
pourraient attraper leur proie sans recourir à l'adresse
et à la ruse, sans tendre des lacets, sans dresser des
pièges ou creuser des fosses. Ceux-ci la poursuivent
sur la terre ; ceux-là, sous l'eau ; d'autres, à travers
les airs.

Ainsi, les animaux ne sont point exposés à mourir
de faim, même pendant l'hiver, à moins qu'on ne les
multiplie à l'infini, pour l'agrément, en certains lieux ;
mais alors la famine qu'ils éprouvent vient de l'incon-
séquence de l'homme. Les perdrix et les lièvres ne
meurent point de faim dans les forêts du Nord, pendant
des hivers de six mois ; ils savent trouver sous la neige
les herbes et les pommes de sapin de l'année précédente, que la nature cache pour les leur conserver.

La même main qui prodigue aux animaux leur
subsistance pendant l'été, sait aussi s'ouvrir en leur

faveur pendant la saison rigoureuse où elle paraît avoir oublié ses enfants. Quelques animaux se font des magasins pour l'hiver, et les remplissent, dans le temps de leur récolte, de provisions pour la moitié de l'année. On dirait qu'ils prévoient que bientôt ils ne pourront amasser de vivres, et que, se précautionnant pour l'avenir, ils savent calculer quelle quantité leur est indispensable pour eux et leur famille.

Entre les quadrupèdes, les souris des champs et les mulots amassent des provisions pour l'hiver ; et, dans le temps de la moisson, ils portent quantité de grains dans leurs demeures souterraines. Parmi les oiseaux, les pies et les geais recueillent des glands pendant l'automne, et les conservent pour l'hiver dans le creux des arbres. Quant aux animaux qui dorment durant cette saison, ils ne font point de provisions en été ; elles leur seraient inutiles ; mais les autres ne se bornent pas à satisfaire le besoin du moment ; ils semblent aussi songer à l'avenir. Tous, dans les temps d'abondance, pourvoient aux temps de disette ; et l'on n'a jamais observé que les provisions qu'ils avaient amassées aient été insuffisantes.

Gardons-nous cependant de penser que tant de soins, dans les animaux, soient en eux le fruit de la réflexion : ce serait leur supposer une intelligence de beaucoup supérieure à celle dont ils sont doués. Ils ne

s'occupent que du présent et de ce qui affecte actuellement leurs sens d'une manière agréable ou désagréable ; et s'il arrive que le présent influe sur l'avenir,
cela se fait sans dessein et sans qu'ils aient la conscience de ce qu'ils font. Comment, en effet, supposer
de la prévoyance et de la réflexion dans cet instinct
des animaux ? Ils n'ont aucune expérience de la vicis-
situde des saisons, de la nature de l'hiver, du temps où
il doit arriver, non plus que de sa durée. On ne saurait
leur attribuer des idées de l'avenir, ni une recherche
réfléchie des moyens de subsister pendant la saison
rigoureuse, puisqu'ils agissent toujours de même, sans
variation, et que chaque espèce suit constamment et
naturellement la même méthode, sans avoir reçu
aucune instruction.

Quelles sublimes prérogatives distinguent l'homme
de la brute ! Je puis me représenter et le passé et
l'avenir ; je puis agir par réflexion et former des
plans ; mais aussi qu'il importe à mon bonheur que je
sache faire un digne usage de ces précieuses facultés !
Instruit des grandes révolutions qui m'attendent, et
maître de me représenter, par l'imagination, l'hiver
de ma vie, ne dois-je pas me préparer un trésor abondant de consolations et d'espérances, qui puisse me
rendre supportable et même douce la dernière portion
de mes ans ?

Pendant l'hiver, nous ne voyons aucun de ces insectes et peu de ces oiseaux qui, durant les beaux jours, peuplent l'air, la terre et les eaux. A l'approche des frimas, ils disparaissent ou quittent nos contrées, dont la température ne leur est plus convenable, et où désormais ils ne sauraient trouver de quoi se nourrir. Le premier jour orageux est le signal qui les oblige à interrompre leurs travaux, à terminer leur vie active et à quitter des demeures chéries.

Mais l'hiver n'est point leur tombeau; ils continuent, même durant ses rigueurs, à jouir du bienfait de la vie. Le corps de quelques animaux est constitué de manière que les mêmes causes qui les privent d'aliments, opèrent en eux une révolution qui les leur rend inutiles pendant tout le temps que durent ces causes. Le froid les engourdit; ils tombent dans un profond sommeil, jusqu'à ce qu'une chaleur vivifiante ouvre de nouveau la terre, y fasse germer les plantes, et les réveille eux-mêmes de leur long assoupissement. Cachés jusqu'à cette époque dans le sable, dans des creux où l'on ne saurait troubler leur repos, ils sont dans un état de faiblesse et de défaillance, dans une espèce de mort, dont ils ne sortent que quand le retour du printemps vient ranimer toute la nature.

Quelques espèces d'oiseaux entreprennent aux approches de l'hiver ces longs voyages dont nous nous

sommes occupés, et vont dans d'autres climats chercher, avec un air tempéré, la nourriture qui leur
convient. Les uns volent en troupes d'un pays à
l'autre ; plusieurs passent en Afrique, en traversant la
Méditerranée, et reviennent au printemps embellir les
régions qu'ils avaient abandonnées.

XXII.

Tout pour l'homme.

Après avoir réfléchi sur le règne animal, après avoir étudié le règne végétal, dont nous avons observé les différences relativement aux animaux, essayons de rapprocher ces deux grandes classes d'êtres organisés.

C'est par degrés imperceptibles que la nature semble passer des plantes aux animaux ; et pour distinguer exactement tous ces degrés, il faudrait une grande pénétration. Mais ce que nous pouvons remarquer, c'est qu'avec toutes les différences qu'on aperçoit entre ces deux règnes, il s'y trouve néanmoins beaucoup de conformité.

La graine est à la plante ce que l'œuf est à l'animal.

De la première sort une tige auparavant cachée sous les
téguments et qui fait effort pour s'élever de la terre. De
même l'animal, une fois développé dans l'œuf, perce la
coque pour respirer en plein air. Ce que l'embryon est
chez l'animal, l'œil ou le bouton de l'arbre l'est dans
le végétal. Cet œil ne perce au travers de l'écorce que
lorsqu'il est parvenu à une certaine grosseur, et il y
reste attaché, afin d'en recevoir sa nourriture par le
moyen des fibres qui l'y unissent ; l'embryon, au bout
d'un temps déterminé, sort du sein maternel, paraît
à la lumière ; et alors il ne pourrait vivre longtemps,
s'il n'était allaité par sa mère. La plante se nourrit des
sucs qui lui sont amenés du dehors, et qui, passant
par divers canaux, se transforment enfin en sa propre
substance. La nutrition de l'animal a lieu de la même
manière ; il reçoit aussi du dehors sa nourriture, qui,
après avoir passé par différents vaisseaux, se change
en sa propre substance. La plante croît par développement ou par l'extension graduelle de ses parties ; cette
extension est suivie d'un certain degré d'endurcissement dans les fibres ; elle diminue à mesure que
l'endurcissement augmente, et cesse lorsqu'il est parvenu au point de ne plus céder à la force qui tend à
l'agrandissement de leurs mailles. Les mêmes phénomènes se remarquent chez les animaux ; et ceux de ces
derniers où l'endurcissement se fait plus tard sont,

ainsi que les plantes de ce genre, ceux qui croissent le plus longtemps.

La fécondation qui s'opère dans le règne végétal et celle qui a lieu dans le règne animal, sont susceptibles des mêmes rapprochements. La multiplication des plantes se fait non seulement par la graine et par la greffe, mais encore par bouture ; les animaux se multiplient en pondant des œufs, ou en mettant au monde des petits vivants ; ils se multiplient même par boutures, comme on le voit dans les polypes.

Les maladies des plantes, comme celles des animaux, ont des causes internes ou externes. Enfin, comme le végétal, échappé aux divers accidents de la vie, n'échappe ni à la vieillesse ni à la mort, de même l'animal, préservé ou guéri des maladies qui conspiraient contre lui, ne saurait se dérober à la triste vieillesse. Dans l'un et l'autre de ces êtres, les vaisseaux endurcis dans le temps s'obstruent ; les liqueurs ne circulent plus avec la même vitesse ; elles ne sont plus que très imparfaitement élaborées ; elles séjournent et contractent des altérations qui bientôt se communiquent aux vaisseaux qui les contiennent : la circulation s'arrête, l'être organisé meurt et se réduit en poudre.

Les traits qui composent le parallèle de la plante et de l'animal, depuis la naissance jusqu'à la mort, établissent avec évidence la grande analogie qui règne entre ces deux classes d'êtres organisés. On trouverait encore entre elles d'autres sources de comparaison, prises des lieux de leur habitation, de leur nombre, de leur structure et de leur forme.

En voyant la nature passer des plantes aux animaux par des degrés imperceptibles, on serait tenté de regarder les animaux et les plantes comme des êtres du même genre. Mais il existe entre ces êtres une ligne de démarcation en deçà de laquelle reste le végétal, au delà de laquelle commence l'animal. Là où est le sentiment proprement dit, là cesse d'exister le végétal, et l'animal se montre. Hors de là, ce qui paraît certain, c'est qu'on a découvert jusqu'ici des ressemblances générales entre les deux règnes, et point encore de différences vraiment essentielles. Mais quand on viendrait à en découvrir quelqu'une qui n'eût pas encore été remarquée, toujours resterait-il vrai que la nature diversifie ses ouvrages par des nuances si fines, que l'intelligence humaine a peine à les discerner. Eh ! qui sait quelles découvertes sont réservées à nos neveux ? Peut-être un jour découvrira-t-on des plantes dont les propriétés se rapprocheront plus encore de celles des corps animés, et des animaux qui se rapprocheront plus de la classe des végétaux.

Toutes les choses de la terre sont bonnes, considérées en elles-mêmes ; et s'il arrive qu'elles deviennent nuisibles, c'est qu'on en abuse, ou qu'on ne les emploie pas à l'usage auquel elles sont destinées. De là vient que tel aliment qui conserve la vie à un individu donne la mort à un autre, et que la même plante qui, à certains égards et dans certaines circonstances, est regardée comme venimeuse, à d'autres égards et dans des circonstances différentes est très utile et même très salutaire.

Quelques plantes sont destinées aux bêtes ; d'autres nous fournissent des ornements et des parures ; d'autres flattent le goût et l'odorat ; un bon nombre sont d'un grand usage dans les maladies qui attaquent les hommes et les animaux. On peut dire la même chose de plusieurs créatures animées qui, quoique fort dangereuses pour nous, servent à beaucoup d'animaux, ou comme aliments, ou du moins comme remèdes. La plupart des oiseaux font leur nourriture principale des insectes que l'on regarde d'ordinaire comme nuisibles. Les oiseaux domestiques avalent avidement les araignées, et les paons, ainsi que les cigognes, font leurs délices de certaines espèces de serpents.

Le nombre des plantes et des animaux nuisibles n'est rien, en **comparaison** de cette multitude d'animaux et de plantes dont l'utilité ne peut être méconnue. La nature d'ailleurs a imprimé dans les hommes et dans les animaux un sentiment qui leur donne de l'aversion pour tout ce qui pourrait leur nuire. Les bêtes malfaisantes ont une certaine crainte de l'homme, et jamais, rarement du moins, elles ne se servent contre lui de leurs armes offensives, si elles ne sont provoquées.

Ajoutons que les animaux les plus dangereux ont des marques et des caractères sensibles auxquels on reconnaît facilement leurs qualités malfaisantes ; en sorte qu'avertis du péril, nous pouvons le prévenir ou l'éviter. Le serpent à sonnettes, qui de tous les reptiles de cette espèce est le plus à craindre, annonce son approche par le bruit que font les anneaux de sa queue. Le crocodile, cet affreux et redoutable animal, est si maladroit dans ses mouvements, et se retourne avec tant de difficulté, qu'on lui échappe facilement par une fuite tortueuse. Les choses mêmes sont disposées avec tant de sagesse, que les animaux les plus venimeux fournissent le remède à leur poison : l'huile du scorpion est un antidote contre ses piqûres, et l'abeille, écrasée sur la plaie, guérit la blessure qu'elle a faite.

Dira-t-on qu'encore vaudrait-il mieux qu'il n'y eût sur la terre aucune plante, aucun animal qui pût nuire à d'autres créatures? Rappelons-nous donc que si la nature a voulu qu'une créature pût nuire à d'autres, ç'a été par des raisons très sages, et que de cet arrangement résultent, en dernier ressort, des avantages considérables. Plusieurs êtres qui paraissent nuisibles, ne le sont pas en effet, du moins à certains égards. Leur venin même et les organes dont ils se servent pour blesser leur sont absolument nécessaires. L'abeille, par exemple, occasionne souvent de la douleur par ses piqûres ; mais qu'on lui ôte son aiguillon, elle n'aura plus d'armes contre ses ennemis, et nous n'aurons plus de miel. Les champignons peuvent donner la mort ; mais qui sait si cette substance, qui croît le plus ordinairement sur des matières en putréfaction, n'est pas destinée à absorber des exhalaisons nuisibles qui se répandraient dans l'air ?

Tout bien considéré, ce qui dans la nature nous paraît nuisible est réellement d'une utilité indispensable. Et de quel droit l'homme prétend-il déterminer ce qui est utile ou préjudiciable dans l'ensemble des êtres ? Qui nous a dit qu'il soit contraire à la sagesse que nous éprouvions quelquefois de la douleur ? Les choses les plus désagréables ne nous procurent-elles pas souvent des avantages sensibles ? En général, il est certain que les choses naturelles ne sont nuisibles que par accident ; et que si nous en recevons quelque dommage, c'est presque toujours à notre imprudence que nous devons l'attribuer.

Toutes les créatures sont pour l'homme un moyen de glorifier la nature. Dans chaque plante, dans chaque arbre, dans chaque fleur, et même dans chaque pierre, sa grandeur se reflète, et il ne faut qu'ouvrir les yeux pour l'y reconnaître ; mais elle se manifeste avec bien plus d'éclat dans le règne animal. Examinons la structure d'un seul des êtres qu'il renferme : quel art, quelle beauté, que de choses admirables ! Et combien ces merveilles ne se multiplieront-elles pas, si nous pensons à la multitude presque infinie et à l'étonnante diversité des animaux ! Depuis l'éléphant jusqu'à l'insecte qu'on n'aperçoit qu'à l'aide du microscope, que de degrés, que d'anneaux forment une chaîne immense et non interrompue ! Quelles liaisons, quel ordre, quels rapports entre toutes ces créatures ! Tout est harmonie ; et si, à la première vue, nous croyons découvrir quelque imperfection dans certains objets, nous ne tardons pas à convenir que notre ignorance nous a fait porter un faux jugement.

C'est donc pour l'homme que la nature entière agit et travaille sur la terre, dans l'air et sous les eaux ; c'est pour l'homme que la brebis est chargée de sa laine ; c'est pour l'homme que le pied du cheval est armé de cette corne dont il n'aurait pas besoin , s'il ne devait pas traîner les fardeaux et gravir au haut des montagnes ; c'est encore pour l'homme que le ver à soie file ce tissu artistement construit, s'y renferme, et le lui abandonne ensuite ; que le moucheron dépose ses œufs dans les eaux, afin qu'ils y servent de nourriture aux poissons, qui serviront eux-mêmes à sa subsistance ; que l'abeille va recueillir dans le sein des fleurs ce miel exquis qui lui est destiné ; que le bœuf est attaché à la charrue et ne demande pour prix de ses travaux qu'une légère nourriture ; c'est pour l'homme enfin que les forêts, les champs et les jardins abondent en richesses, dont la plupart seraient perdues, si elles n'étaient à son usage ; et les montagnes renferment ces trésors dont seul il peut connaître le prix.

Il est vrai que l'homme a plus de besoins que les brutes ; mais il a incomparablement plus de facultés, de talents et d'industrie, pour faire concourir, par ses besoins même, tout ce qui l'environne à son utilité, à ses plaisirs. Mille et mille créatures contribuent à le nourrir, à le loger, à le vêtir : elles lui offrent à l'envi les commodités, les agréments. Si la nature lui a donné tant de besoins, c'est pour lui procurer une plus grande variété de sensations agréables.

Toutes les espèces qui peuvent nous être utiles ne

sont en état de se conserver qu'auprès de nous ; les autres animaux les détruisent; aussi n'en existe-t-il presque point dans les bois. Si elles se multipliaient loin de nous à un certain point, en très peu de temps leur nombre s'accroîtrait avec un tel excès, qu'elles ne trouveraient plus de moyens de subsister. Témoin ce petit nombre de bœufs que les Espagnols avaient

Rossignol.

laissés à Saint-Domingue, et dont toute l'île n'aurait pas suffi à nourrir la postérité, sans les chasses continuelles qu'il fallut leur faire.

Voyez dans les endroits où la chasse est négligée les ravages des cerfs, des lapins, des perdrix : on n'y moissonne plus. La terre, livrée aux animaux dont l'homme se nourrit ou qu'il consacre à ses travaux, ne leur suffirait donc bientôt plus : preuve évidente qu'ils sont absolument destinés à notre service **ou à notre** nourriture.

Mais ce n'est pas seulement à la subsistance de l'homme que la nature a pourvu avec tant de bonté ; elle a daigné lui procurer mille plaisirs. C'est pour lui que chantent l'alouette et le rossignol, que les fleurs parfument l'air, que les jardins et les champs sont émaillés de leurs couleurs. Sa raison le met en état de faire contribuer toute la nature à ses jouissances, de dominer sur les animaux, de vaincre la baleine, de dompter le lion, et, ce qui est tout autrement précieux encore, de se complaire au milieu de telles œuvres ; d'en contempler la beauté, la grandeur et la magnificence ; d'en admirer l'ordre, l'harmonie et le merveilleux enchaînement.

Interroge, ô homme, le ciel, la terre et la mer, les animaux, les plantes, en un mot, tous les êtres qui existent, et ils te diront que tu es cet objet chéri que tous les autres doivent servir, et auquel ici-bas toute la création se rapporte.

XXIII.

Parvenu au plus parfait des êtres qui soient sur la terre, à celui qui fut l'objet de la création ici-bas, je puis enfin m'occuper plus particulièrement de moi-même, méditer sur la structure de mon corps, réfléchir sur cette substance immatérielle qui l'anime, et, en contemplant ces objets si dignes d'un être intelligent, reconnaître la puissance de Dieu, sa sagesse, et apprendre en même temps tout le prix de ma vie terrestre.

L'univers est un tableau qui n'offre que des traits confus lorsqu'on n'en saisit pas le vrai point de vue. Cet amas immense d'êtres divers qui le composent serait une espèce de chaos, si l'homme ne s'y trouvait placé pour en former la liaison et les rapports. C'est à lui que tout aboutit ; c'est sur lui que tout porte. Il est donc de la dernière importance de ne pas se méprendre sur l'idée qu'on se forme de l'homme : trop basse, elle nous fera paraître le monde trop magnifique et trop grand ; trop élevée, elle nous le montrera trop vil et trop étroit. Une sage Providence a tout proportionné : l'ordonnance du palais a été mesurée sur les besoins du maître qui l'habite. Si l'édifice n'est pas parfait, c'est parce que celui auquel il fut destiné a lui-même des imperfections.

L'homme offre un mélange étonnant de grandeur et de bassesse. Dans ce mélange, néanmoins, reconnaissons et la sagesse de Dieu, et sa bonté sur l'homme même dégradé ; admirons ce grand ouvrage. Le fruit de cette étude sera de nous rappeler à la considération de nous-mêmes, pour nous élever jusqu'à notre auteur par une route qui ne pourra nous égarer.

La reconnaissance est un poids insupportable pour certains hommes. De leur orgueil inflexible, de la dureté de leur cœur, naît en eux un fanatisme qui les arme et contre eux-mêmes et contre Dieu. Ils aiment mieux s'avilir à leurs propres yeux que de reconnaître les bienfaits les plus signalés dont ils lui sont redevables. Ah ! loin de moi ces idées fausses et désespérantes ! Qu'elle est consolante, au contraire, et qu'elle est touchante la vraie sagesse, lorsqu'elle me peint l'homme sous ses véritables couleurs !

L'extérieur du corps de l'homme est la preuve de ses prérogatives sur tous les êtres vivants ; mais son visage suffirait seul pour les indiquer. Dirigé vers les cieux, il annonce sa grandeur, exprimée dans tous ses traits, et montre, en même temps, et sa noblesse et sa destination.

Tant que l'âme est tranquille, toutes les parties du visage sont dans un état de repos : leur proportion, leur union, leur ensemble, marquent la douce harmonie des pensées, et répondent au calme de l'intérieur. Mais lorsque l'âme est agitée, la face humaine devient un tableau vivant, où les passions sont rendues avec autant de délicatesse que d'énergie. Chaque affection de l'âme a son impression particulière, et chaque changement dans les traits est le signe caractéristique des mouvements les plus secrets de notre cœur. C'est surtout dans les yeux qu'ils se peignent et qu'on peut les reconnaître : l'œil est, plus que les autres organes des sens, l'organe immédiat de l'âme. Les passions les plus tumultueuses et les affections les plus douces s'y peignent avec la plus grande vérité comme dans un miroir. Aussi peut-on appeler l'œil le vrai interprète de l'âme et l'organe de l'entendement humain.

C'est une preuve bien sensible de la sagesse de Dieu que cette diversité qui règne dans l'extérieur des hommes, et qui, malgré la grande ressemblance qu'ils ont les uns avec les autres dans leurs parties essentielles, permet de les distinguer aisément et sans s'y tromper. De tant de millions d'individus, il n'en est pas deux qui se ressemblent parfaitement : chacun a quelque chose de particulier, surtout dans le visage, la voix et le langage. Cette diversité des physionomies est d'autant plus étonnante, que les parties qui composent la face humaine sont en assez petit nombre, et que, dans chaque sujet, elles sont disposées selon le même plan.

Quel bouleversement dans le commerce ! Que de subornations à l'égard des témoins ! En un mot, l'uniformité et la parfaite ressemblance des visages feraient perdre à la société humaine tous ses charmes, et raviraient aux hommes presque tous les avantages qu'ils trouvent dans le commerce de la vie.

La diversité des traits entrait donc dans le plan du gouvernement de Dieu ; elle est une preuve du tendre soin qu'il prend des hommes ; et il est manifeste que non seulement la structure générale du corps, mais aussi la disposition des diverses parties qui le composent, est le fruit de la plus profonde sagesse. Partout la variété s'y trouve jointe à l'uniformité ;

d'où résultent l'ordre, les proportions et la beauté.

Dans la disposition des parties de notre corps, Dieu n'a pas eu moins d'égard à la commodité. Au moyen des divers organes, l'âme peut exécuter ses volontés sans obstacles. Les sens, comme autant de sentinelles, l'avertissent avec célérité de ce qui l'intéresse ; et les membres obéissent avec docilité à ses ordres. Chargé de veiller sur toute la personne, l'œil occupe le poste le plus élevé : il peut se tourner de tous côtés et observer tout ce qui se passe. Les oreilles, placées de même en un lieu éminent, sont ouvertes jour et nuit pour rendre l'âme attentive au moindre bruit et lui communiquer les impressions des sons. Comme les aliments doivent passer par la bouche avant de se rendre dans l'estomac, l'organe de l'odorat est situé immédiatement au-dessus d'elle, pour veiller, ainsi que l'œil, à ce qu'elle ne reçoive rien de nuisible et de corrompu. Quant au toucher, il n'a pas son siège dans un endroit particulier : il est répandu dans toute l'étendue du corps, afin de pouvoir discerner le plaisir de la douleur, et de tourner ces sensations au bien-être de l'individu. Les bras sont les ministres dont l'âme se sert pour exécuter la plupart de ses volontés. Situés près de la poitrine, où le corps a le plus de force, et à une distance convenable des membres inférieurs, ils sont placés de la manière la plus commode pour toute sorte d'exercices et d'ouvrages, pour la garde et la sûreté de la tête et des autres membres.

O homme! garde-toi de détruire un ouvrage si artistement construit, ou de le rendre difforme par des désordres et des excès! Garde-toi de l'avilir par de honteuses passions !

Soit que l'on considère le principe de la voix humaine, soit que l'on s'occupe de ses variations ou de son organe, il est impossible de réfléchir sur son admirable mécanisme sans être saisi d'étonnement et pénétré de reconnaissance.

Au fond de la gorge, et au sommet de la trachée-artère, est une machine assez composée, formée de l'assemblage de différentes pièces diversement configurées, les unes cartilagineuses, les autres ligamenteuses et tendineuses : tel est le larynx, ou le principal organe de la voix. Au milieu, est une ouverture, qu'on nomme la glotte, recouverte par l'épiglotte, petit cartilage qui peut s'élever et s'abaisser pour ouvrir et fermer le canal. Tout l'air que le poumon chasse dans la trachée, au moment de l'expiration, est forcé d'enfiler cette ouverture étroite ; et c'est du frottement de cet air que dépend en général la formation de la voix.

Mais ce n'est pas à cela seul que se réduit le mécanisme de cet organe. Il n'est pas simplement un

instrument à vent ; il est à la fois un instrument à vent
et à cordes, et même beaucoup plus à cordes qu'à vent.
Sur chaque lèvre de la glotte, est un ruban que différents cartilages sont chargés d'allonger ou de
raccourcir, de relâcher ou de tendre : tensions et
longueurs dont dépend la diversité des tons. Ces
rubans sont comme des cordes vocales ; mais il faut un
archet pour les faire vibrer. L'air que le poumon
chasse vers la glotte en fait l'office, et le poumon lui-
même peut être regardé comme la main qui conduit
l'archet. Mais ne croyez pas que cela soit fondé sur de
simples conjectures : l'expérience le confirme. Si l'on
détache la trachée avec les principales pièces du
larynx d'un animal mort depuis plusieurs jours, et
qu'on souffle fortement dans cette trachée par son
extrémité inférieure en même temps qu'on tient les
rubans de la glotte plus ou moins bandés ; aussitôt on
entend la voix ou le cri propre à l'espèce de l'animal ;
et cette voix ou ce cri hausse ou baisse de ton, suivant
qu'on tend ou qu'on relâche les rubans de la glotte.
Une chose bien digne de remarque dans cette singulière expérience, c'est que la voix ou le cri est toujours
parfaitement reconnaissable, que la trachée ait appartenu à un homme ou à quelque animal. Le mugisse-
ment du taureau, le bêlement de la brebis, le cri du
chien qui souffre, celui du coq, sont si bien caracté-

risés, qu'on ne peut s'y méprendre. Cependant, combien de choses manquent ici à l'instrument vocal, pour modifier et déterminer la voix ! Non seulement le larynx se trouve fort mutilé, mais il n'existe plus ni palais, ni langue, ni dents, ni lèvres.

L'agrément de la voix dépend de la conformation de toutes les parties intérieures de la bouche, des cavités du nez ; elle ne peut être agréable qu'autant qu'elle retentit dans les parois de ces deux organes. Quand le nez est bouché, comme il arrive dans l'enchifrènement, la voix devient désagréable ; et ce désagrément, loin de venir de ce qu'on parle du nez, comme on le dit communément, vient, au contraire, ici, de ce qu'on n'en parle pas.

L'étendue des capacités dans lesquelles l'air sonore résonne contribue beaucoup à l'agrément et à la modification des sons. Voilà pourquoi la voix devient plus grave vers la quinzième ou la seizième année. A cet âge, l'intérieur de la bouche augmente en dimensions ; l'air sonore se modifie dans de plus grands espaces ; et il arrive, par rapport aux différents tons de la voix, ce qui arrive lorsqu'on joue d'un instrument dans un endroit plus spacieux : les sons deviennent plus graves. Joignez encore à cette cause les dimensions de la poitrine, la force des muscles, le ressort des organes, qui est augmenté notablement.

La prérogative de l'homme sur les animaux relativement à la voix consiste en ce qu'il peut la modifier d'une infinité de manières. Le son de la voix *a* est différent de celui qui se fait entendre quand on prononce les voix *e*, *i*, *o*, *u*, quand même on les prononcerait toutes sur le même ton. La raison de cette différence est au nombre des mystères de la nature. Pour faire entendre les cinq voix représentées par nos cinq voyelles, il faut ouvrir plus ou moins la bouche ; et, par cet effet, celle de l'homme a une conformation différente de celle de tous les animaux. Ceux mêmes d'entre les oiseaux qui apprennent à imiter la voix humaine, ne sont jamais capables de prononcer distinctement les diverses voyelles ; et de là vient que cette imitation est si imparfaite. Quant aux articulations, qui sont représentées par les consonnes dans l'écriture, trois de nos organes concourent principalement à les former : les lèvres, la langue et le palais. Le nez y participe aussi ; quand il est bouché, il devient impossible de prononcer certaines lettres, au moins d'une façon intelligible.

Ce qui prouve combien est merveilleuse l'organisation qui rend notre bouche capable de prononcer les mots, c'est que l'art humain n'a pu venir à bout de l'imiter qu'en très petite partie et fort imparfaitement. On imite le chant de l'homme, cela est vrai, mais on n'imite pas si aisément l'articulation des sons, ni la prononciation des différentes voyelles. Le jeu de l'orgue appelé voix humaine ne produit d'autres sons que ceux qui se rapprochent de la voix *é*, ou *ein ;* et tous les efforts de l'art ne sauraient parvenir à imiter nettement la plupart des mots qu'il nous est si facile de prononcer.

Puissent ces réflexions nous faire sentir tout le prix de la parole, qui nous distingue si avantageusement du reste des animaux ! Qu'elle serait triste la société humaine, si nous étions privés totalement de la faculté de transmettre nos pensées par le discours, si nous ne pourions épancher notre cœur dans le sein de l'amitié ! Vous qui, dès votre enfance, avez été privés de ce don précieux, ô vous pour qui la nature a été si avare, vous m'apprenez, par votre infortune, à estimer mon bonheur et à remercier Dieu d'avoir mis au nombre des biens dont il me comble la faculté de me servir de la parole.

XXIV.

Vie de l'homme.

Il n'est point, sur la terre, de créature qui ait autant de besoins que l'homme. Nous venons au monde dans un état de nudité et d'ignorance. La nature nous a refusé cette industrie et cet instinct que les bêtes montrent presque en naissant; elle ne nous a donné que la raison, pour acquérir, avec le temps, l'habileté et les talents qui nous sont nécessaires. A cet égard, les animaux peuvent nous paraître dignes d'envie. Ne sont-ils pas heureux, en effet, de n'avoir aucun besoin de ces habillements, de ces commodités, de ces armes dont nous ne pouvons nous passer, et de n'être dans l'obligation ni d'inventer, ni d'exercer cette foule de métiers et d'arts sans lesquels l'homme ne saurait subvenir à ses diverses nécessités? Ils naissent, pour ainsi dire, tout armés ; et, s'il leur manque quelque chose, ils peuvent aisément se le procurer au moyen de cet instinct naturel qu'ils n'ont qu'à suivre aveuglément. Leur faut-il des habitations, ils savent s'en creuser ou s'en construire. Ont-ils besoin de lits, de couvertures, d'habits, ils ont l'art d'en filer, d'en tisser, et de se débarrasser des vêtements qui leur deviennent inutiles. S'ils ont des ennemis, ils sont pourvus d'armes pour se défendre ; s'ils sont malades ou blessés, ils savent trouver les remèdes qui leur conviennent. Et nous, supérieurs aux autres animaux, et faits pour leur commander, nous avons plus de besoins, et, au premier coup d'œil, moins de moyens de les satisfaire.

Pourquoi donc, à tous ces égards, les hommes sont-ils moins avantagés que les bêtes? C'est que l'homme est formé pour la société, et qu'il ne peut être heureux que du bonheur commun. En assujettissant l'homme à tant de besoins, la nature a voulu mettre continuellement en exercice cette raison qui nous fut donnée pour nous rendre heureux, et qui nous tient lieu de toutes les ressources des autres animaux. Sujets à une multitude de besoins corporels, nous sommes forcés de faire usage de notre raison ; d'acquérir la connaissance du monde et de nous-mêmes ; d'être vigilants, actifs, laborieux, pour nous garantir de l'indigence, de la douleur, du chagrin, et pour répandre sur la vie les agréments et le bonheur dont elle est susceptible. L'usage de la raison est, en même temps, le seul moyen de maîtriser les passions et d'éviter, dans les plaisirs, les excès qui nous deviendraient funestes.

Si nous pouvions sans peine nous procurer les fruits et les autres aliments, insensiblement nous nous abandonnerions à l'indolence, à la mollesse, et nous consumerions la vie dans une oisiveté honteuse. Les nobles facultés de l'homme s'affaibliraient, elles s'engourdiraient. Les liens de la société se rompraient, parce que nous ne serions plus dans une dépendance réciproque. Les enfants mêmes n'auraient plus besoin de l'assistance de leurs parents, moins encore de celle des autres hommes ; le genre humain retomberait dans la barbarie. Dans cet état plus que sauvage, nous ne serions plus des hommes ; il n'y aurait plus, entre tous les individus de l'espèce humaine, ni subordination, ni prévenances, ni bons offices mutuels.

C'est donc à nos besoins que nous sommes redevables du développement de nos facultés. Ils éveillent notre esprit ; ils lui donnent de la force et de l'étendue ; ils appellent l'industrie, et versent sur nos jours des commodités et des agréments inconnus aux animaux.

C'est le besoin qui nous rend humains, compatissants, raisonnables et réglés dans toute notre conduite ; c'est à lui que nous devons une multitude d'arts et de sciences. Une vie active et laborieuse est nécessaire à l'homme. Si ses facultés et ses forces ne sont point exercées, il devient à charge à lui-même ; il tombe peu à peu dans une stupide ignorance, dans une grossière et basse volupté, dans tous les vices qu'elles entraînent après elles. Le travail, au contraire, met toute la machine en mouvement, lui donne un utile ressort, et procure à l'âme d'autant plus de satisfaction, qu'il exige plus d'industrie, d'esprit, de réflexion et de lumières.

Le plaisir est attaché à l'emploi du temps, la peine à sa perte. Gardons-nous de prendre l'inaction pour le repos. Les soins de la vie, quand ils ne sont pas excessifs, en font la consolation et les charmes les plus réels. Celui qui n'en a point est obligé de s'en imposer de volontaires, sous peine de rester malheureux. L'âme jouit quand elle est occupée ; oisive, elle éprouve des tourments insupportables. La joie est un fruit qui ne peut croître que dans le champ du travail ; et quand ce n'est pas un plaisir, c'est un supplice d'exister.

De quels doux sentiments nos besoins ne sont-ils pas la source ! Si, après avoir reçu la naissance, les secours de nos parents nous devenaient inutiles, nous rapporterions tout à nous-mêmes ; nous ne vivrions que pour nous, et nous serions des brutes. Au contraire, les besoins de l'enfance, l'état de destitution où nous nous trouvons en naissant, sollicitent la tendresse et la compassion de la mère et du père ; les enfants, de leur côté, s'attachent aux parents pour le sentiment du besoin, de la reconnaissance ; ils se laissent conduire par eux. Formés par leurs instructions et par leurs exemples, ils apprennent à faire un bon usage de leur entendement, à respecter les mœurs, et, devenus hommes de bien, ils parviennent à mener, au sein de l'amitié, une vie honnête et heureuse.

Et, avec de tels avantages, nous pourrions regretter ceux que les animaux paraissent avoir sur nous ! Il est vrai que nous n'avons ni fourrures ni plumes pour nous vêtir, point de griffes pour nous défendre ; mais ces présents ne feraient que nous dégrader, en nous réduisant à une perfection purement animale. Nos sens, nos mains et la raison, suffisent pour nous procurer des vêtements, des aliments, des armes, tout ce qui est nécessaire à notre sûreté, à notre entretien, à nos plaisirs, et pour nous mettre en état d'appliquer à notre usage toutes les richesses de la nature.

Ils sont donc les vrais fondements de notre bien-être, ces besoins dont tant d'hommes murmurent : ils sont des moyens pour nous y conduire. Si nous étions assez raisonnables pour les employer convenablement à ce but, que de chagrins nous nous épargnerions ! De cent infortunés, à peine en serait-il un qui pût attribuer ses malheurs à la nature ; et nous serions forcés de reconnaître que la somme des biens l'emporte de beaucoup sur celle des maux ; que nos peines sont adoucies par toutes les jouissances que la société nous procure ; et qu'il dépend généralement de nous de mener une vie non seulement supportable, mais encore remplie d'agréments.

Le travail est nécessaire à l'homme ; il doit indispensablement s'y livrer, quels que soient son état et sa condition ; et il est certain qu'une grande partie des commodités et du bonheur de la vie en dépendent. Comme nous perdons à chaque instant quelque partie de notre propre substance, nous nous épuiserions bientôt, et nous tomberions dans une consomption mortelle, si nos esprits n'étaient sans cesse renouvelés et ranimés. Pour que nous puissions suffire au travail qui nous est prescrit, il faut que notre sang fournisse toujours cette matière déliée, ce fluide infiniment subtil qui, mettant en jeu les nerfs et les muscles, entretient l'action et le mouvement du corps. Les aliments ne pourraient ni se digérer parfaitement, ni se distribuer régulièrement dans toutes ses parties, si la machine était toujours en action. Il faut que le travail de la tête, celui des bras ou des pieds, soit interrompu pour un temps, afin que la chaleur et les esprits ne soient plus employés qu'à aider les fonctions relatives à la nutrition.

Mais qui nous rendra cet important service ? A l'entrée de la nuit, les forces qui ont été en exercice pendant le jour diminuent, les esprits vitaux s'affaiblissent, les sens s'émoussent, et nous sommes invités au sommeil sans pouvoir nous y refuser. Dès que nous nous y livrons, il nous restaure et nous rafraîchit. Les méditations de l'esprit et les travaux des mains s'arrêtent tout à coup ; et, dans cette inaction si approchante de la mort, les membres fatigués se réparent ; cette réparation les rend plus souples et plus flexibles ; elle entretient dans l'ordre tous les mouvements du corps ; elle ranime nos facultés intellectuelles et répand dans notre âme une sérénité, une activité nouvelles.

A quels maux ne s'exposent donc pas ceux qui, pour des vues frivoles, pour un vil intérêt, souvent pour satisfaire d'infâmes passions, se dérobent à eux-mêmes les heures destinées au sommeil ! Ils troublent l'ordre de la nature, ordre établi pour leur avantage ; ils énervent, par leur propre faute, les forces de leur corps, et s'attirent une fin prématurée.

On passe de la veille au sommeil avec plus ou moins de rapidité, suivant le tempérament et l'état actuel de la santé ; mais qu'il soit prompt ou tardif, il vient toujours de la même manière ; et les circonstances qui le précèdent sont les mêmes dans tous les hommes.

La première chose qui arrive quand nous nous endormons, c'est l'engourdissement des sens, qui, ne recevant plus l'impression des objets extérieurs, se relâchent et peu à peu tombent dans l'inaction. L'attention diminue et se perd, la mémoire se trouble, les passions se calment, la suite des pensées et des raisonnements se dérègle. Tant que l'on s'aperçoit du sommeil, ce n'en est que le premier degré : on ne dort point encore ; on ne fait que sommeiller. Essayez d'épier le moment où le sommeil s'empare de vos sens : cette attention même suffira pour en écarter les approches ; et vous ne vous endormirez point avant que cette idée se soit évanouie. Le sommeil vient sans qu'on l'appelle : c'est un changement dans notre manière d'être, où la réflexion n'a point de part ; et plus on fait d'efforts pour le produire, moins on y réussit. Pour dormir tout à fait, il ne faut plus avoir cette conscience, ce sentiment libre et réfléchi de soi que l'état de veille peut seul nous donner.

Je vis alors sans le savoir, sans le sentir. Les battements du cœur, la circulation du sang, la digestion, la séparation des humeurs, toutes les fonctions naturelles et vitales enfin continuent et s'opèrent dans le même ordre. Mon âme parait suspendre pour un temps son activité ; et peu à peu elle perd toute sensation, toute idée distincte. Les sens amortis interrompent leurs opérations accoutumées ; les muscles, par degrés, se meuvent plus lentement, jusqu'à ce qu'enfin tous les mouvements volontaires aient cessé. L'homme ne semble alors qu'un être qui végète. Le cerveau ne peut plus transmettre à l'âme les notions qu'il y occasionnait dans l'état de veille : elle ne voit aucun objet, quoique le nerf de la vue n'ait reçu aucune altération ; et elle ne verrait rien, quand bien même les paupières seraient ouvertes. Les oreilles le sont, et elles n'entendent point. En un mot, la situation d'un homme qui dort est merveilleuse à tous égards ; et peut-être n'en est-il plus qu'une pour lui sur la terre qui soit aussi remarquable : c'est l'état où nous réduit la mort.

Le sommeil et la mort se rapprochent et sont pleins de conformités. Qui pourrait penser à l'un sans se représenter l'autre ? Aussi imperceptiblement, ô homme, que tu tombes aujourd'hui dans les bras du premier, aussi insensiblement un jour tu tomberas dans les bras de la mort. Celle-ci, il est vrai, annonce souvent son arrivée plusieurs heures et même plusieurs jours d'avance ; mais l'instant effectif où elle viendra te saisir arrivera tout à coup ; et lorsque tu paraîtras sentir son atteinte, elle sera déjà surmontée. Les sens, qui interrompent leurs fonctions durant le sommeil, sont également incapables d'agir à l'approche de la mort. Dans l'une et l'autre circonstance, les idées s'obscurcissent : nous oublions tous les objets qui nous entourent ; nous nous oublions nous-mêmes ; et, peut-être, le moment où l'on meurt est-il aussi peu sensible que le moment où l'on s'endort.

En nous occupant des bienfaits du sommeil, il y aurait de l'ingratitude à passer sous silence les moyens qui nous sont donnés de le goûter avec agrément. Pendant l'été, peut-être ne sentons-nous pas ce bienfait avec toute la reconnaissance qu'il doit nous inspirer ; mais, dans la saison où le froid va sans cesse en augmentant, on aperçoit quelle faveur c'est de prendre son repos dans un lit doux et commode. Si, dans ces nuits froides, nous venions à en être privés, la transpiration se ferait moins bien ; la santé en souffrirait, et le sommeil ne serait ni si paisible ni si restaurant. A cet égard, le lit est déjà un bienfait considérable pour l'homme. Mais d'où naît la chaleur que j'y éprouve ? Je serais dans l'erreur si je croyais que c'est le lit qui me réchauffe. Bien loin qu'il puisse me communiquer la chaleur, c'est de moi qu'il la reçoit. Seulement il empêche que celle qui s'exhale de mon corps ne se dissipe dans l'air : il la retient.

Je sentirai de plus en plus le prix de ce bienfait, si je considère combien de créatures concourent à me procurer un sommeil tranquille. Combien d'animaux ont été chargés de me fournir leurs plumes ou leur laine ! Supposons qu'un lit ordinaire contienne trente-six livres de plumes, et qu'une oie n'en ait qu'une demi-livre environ sur le corps ; il faudra, pour garnir ce seul lit, la dépouille de soixante-douze de ces oiseaux. Et, outre cela, que d'autres matériaux, que de mains, que de travail un lit n'exige-t-il pas !

C'est par de semblables calculs qu'on peut sentir tout le prix de pareils bienfaits. D'ordinaire, nous ne considérons que fort superficiellement tous ces avan-tages ; mais nous en serions tout autrement frappés, si nous les examinions en détail. Réfléchissez sur les diverses parties dont votre lit est composé, et vous serez étonné de voir que, pour vous le procurer, il a fallu le travail de dix personnes au moins ; il a coûté la vie à beaucoup d'animaux ; il a fallu que les champs fournissent du lin, pour les couvertures et les draps ; les forêts des planches, pour le bois. Vous verrez qu'une partie assez considérable de la création a dû être mise en mouvement pour que vous puissiez jouir d'un doux repos. Les mêmes réflexions, vous pourrez les faire sur les bienfaits les plus communs et les plus journaliers. Votre linge, vos habits, votre chaussure, votre pain, votre boisson, en un mot, toutes les nécessités de la vie, sont le résultat du concours et de la peine d'une multitude innombrable de personnes.

Pourriez-vous donc vous mettre au lit sans éprouver quelque sentiment de reconnaissance?

Cette obligation est d'autant plus étroite, qu'il n'y a que trop de vos frères qui ne sauraient trouver dans leurs lits le repos qu'ils y cherchent, ou qui même n'ont point de lit. Ah! ces infortunés méritent toute votre compassion! Combien n'y en a-t-il pas qui, exposés à toute l'inclémence des saisons, voyageant ou par terre ou par mer, détenus dans les prisons, ou habitant de chétives cabanes, soupirent après un lit, et se croiraient les plus heureux des hommes, s'ils pouvaient avoir seulement une partie de ce qui compose le vôtre!

Combien, parmi les habitants d'une ville, ne s'en trouve-t-il pas dans quelqu'une de ces tristes circonstances; et que d'avantages n'avez-vous pas sur eux! Combien de vos semblables qui veillent pour vous toutes les nuits: le soldat à son poste, le navigateur sur la mer!... Mais combien plus encore qui, quoique pourvus de lit, ne peuvent y trouver le sommeil qu'ils invoquent à grands cris! Dans le circuit d'une seule demi-lieue, il n'est que trop de malades que les douleurs empêchent de dormir, d'affligés que le chagrin tient éveillés, de coupables que les remords tourmentent, d'infortunés auxquels des peines secrètes, l'indigence et les inquiétudes, ne laissent éprouver qu'une longue et pénible insomnie ! S'il n'est point en votre pouvoir d'adoucir leurs souffrances, au moins accordez-leur votre compassion.

Telle est l'histoire abrégée mais fidèle de la vie. O toi, pour qui la sagesse n'est pas un vain nom, apprends à employer cette vie si importante et si courte, de manière à pouvoir acquérir la science de compter tes jours par le digne usage que tu en auras fait, et de racheter le temps qui s'envole avec une étonnante rapidité. Pendant que tu t'occupes de ces réflexions, quelques minutes t'ont encore échappé ; mais quel trésor précieux d'heures et de jours n'amasserais-tu pas, si, du nombre prodigieux de ces heures dont tu peux disposer, tu en donnais souvent quelques-unes à de si utiles considérations ! Penses-y mûrement : chaque instant est une portion de ton existence qu'il t'est impossible de reprendre, mais dont le souvenir peut te causer ou de cuisants remords, ou de bien doux contentements.

FIN.

TABLE.

PAGES

FIN DE LA TABLE.

Rouen. — Imp. MÉGARD et C⁰, rue Saint-Hilaire, 136.

ROUEN. — IMPRIMERIE MÉGARD ET Cᵉ

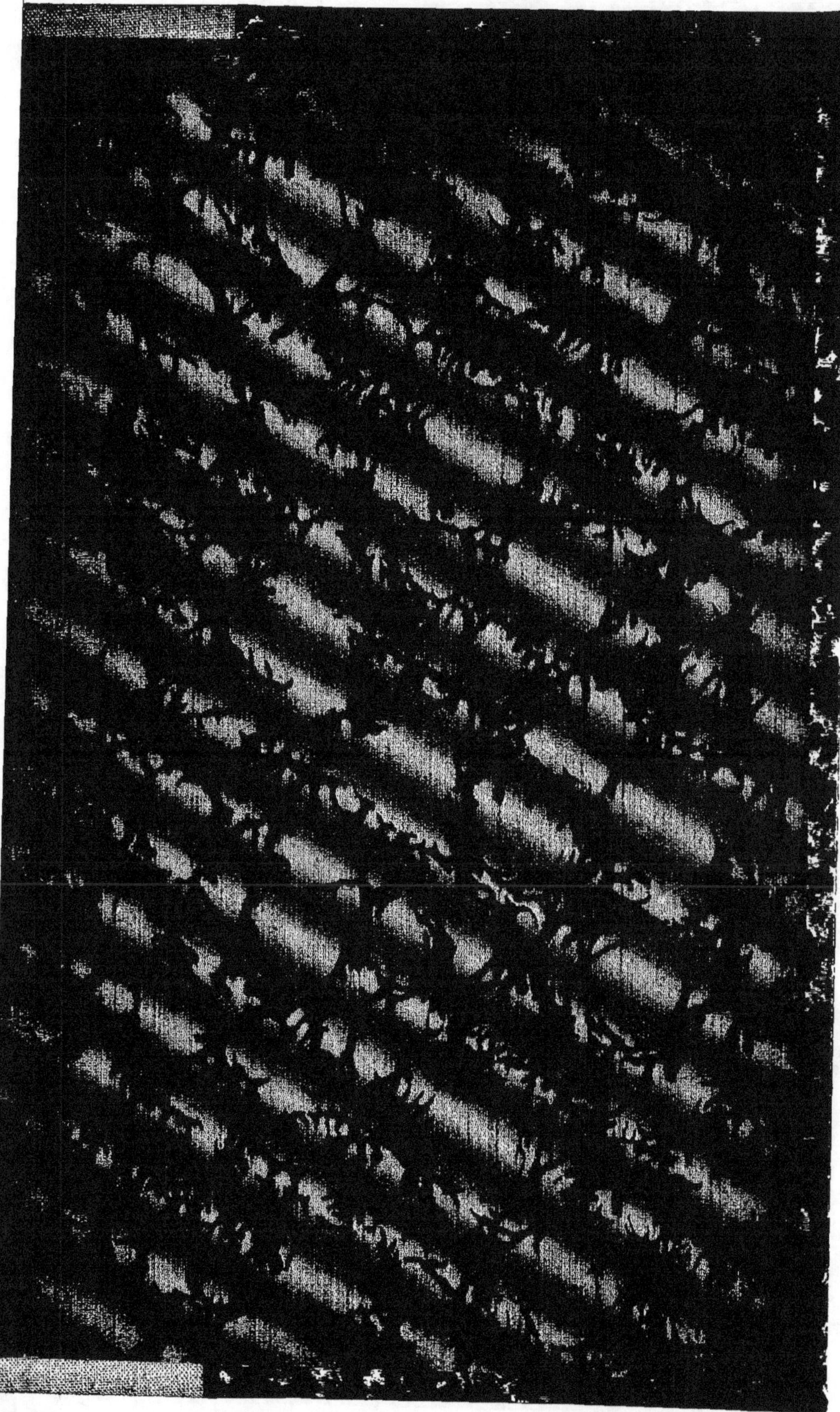

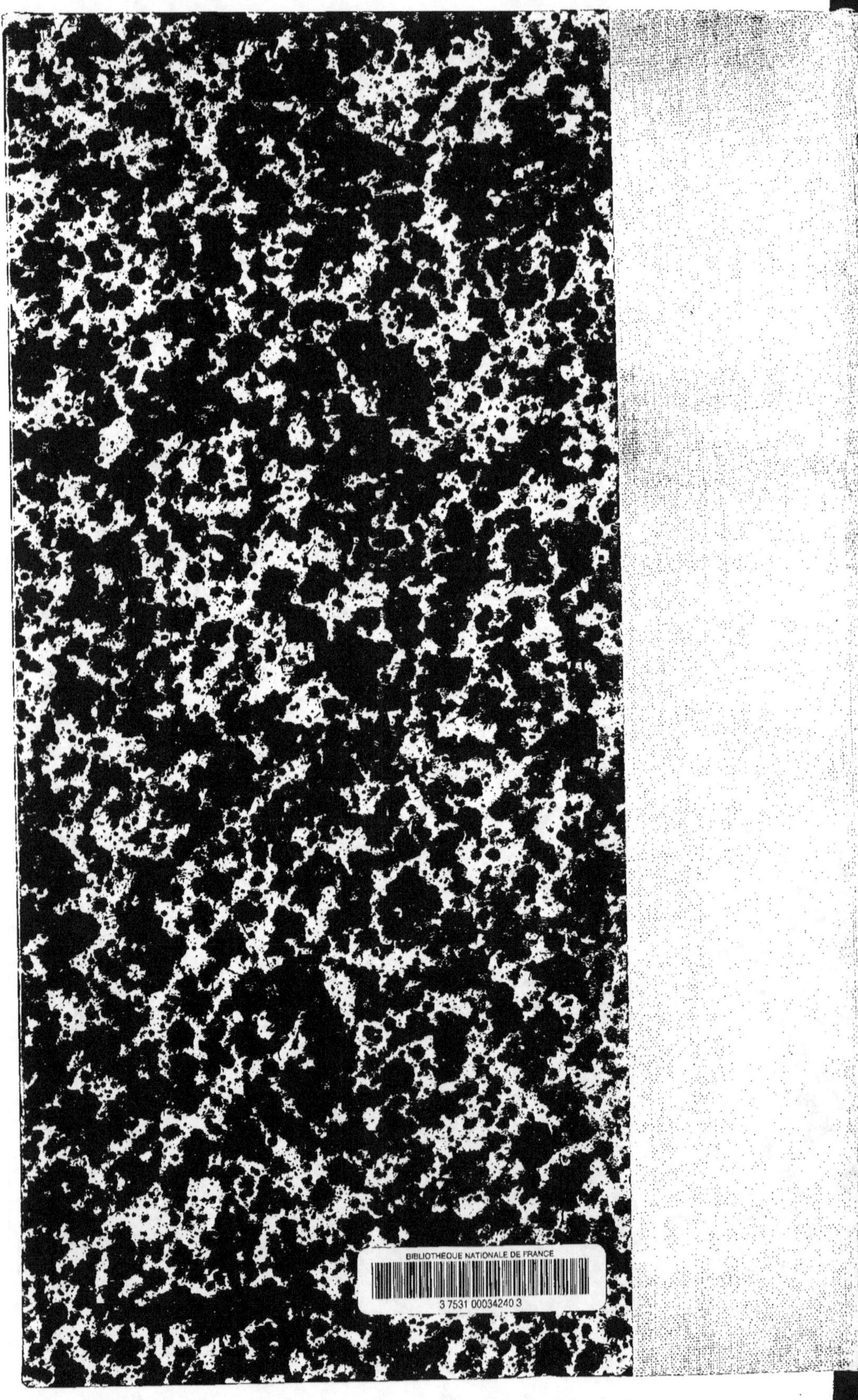